U0154058

中研院院士的十堂課

溯本求源

國立中央大學
National Central University

【序一】　周景揚（國立中央大學校長）

AI時代下的人文與科學教育

　　2023年，是人工智慧發展史上極為重要的一年，因為隨著ChatGPT的風靡、AI相關軟體的問世，讓世界意識到AI的「威力」，不僅僅有對話的功能，還可以用於書寫文章、翻譯外文、統整資料，甚至可以產出程式設計，AI的發展實在無可限量。

　　科技進步如此神速，可知科學教育的提升不只體現在硬體設備的進步、或知識層面的傳授與認識，還要能培養學生的科學素養、科學研究的態度與精神。這些教育目標對於高中生與大學生而言，格外重要，關乎未來科學的成長，也關乎這些學生的生涯發展。

　　去年，廣受好評的《中研院院士的十堂課》第一集刊行，帶給大學生幾個重要的意義：其一，認識到科學界前輩的努力與付出過程，了解「堅持」是成功的秘訣，綜觀各行各業的成功人士，無一不是奉獻了無數的青春歲月、堅持付出而榮獲成果的；其二，還可以透過中研院士們的口述歷史，從文字中體會臺灣科學的發展與進步的歷程，展望未來的成長。總之，透過這本書可以給廣大的學子們，認識到學界前輩、大師的行誼，進而達到科學教育的目標。

　　此外，感嘆科技進步迅捷的同時，不禁令人反思身為「人」的寶貴價值為何？所謂「人文」又該如何體現，才能區別於人工智慧？中大近年致力推動人本AI的討論及研究，我想這些問題都是身處這個「AI時代」的我們需要迫切思考的問題，而我們站在高等教

育的最前線，又該如何將人文教育帶給未來即將成為社會棟樑的大學生們，提升他們的人文素養？

如今，第二集即將付梓，初步閱讀內容之後，延續上一集的創作初衷與其承載之意義，可以提昇我們對學生的人文與科學教育。這十篇訪談中，有許多的故事讓我印象深刻，如梁賡義院士從國外回到臺灣革新高等教育，主持國家公共衛生政策的相關研究，為社會大眾謀取福祉；何志明院士在他的生涯當中，轉換過三個不同的研究領域，跨域研究所展現出的能量與成果，絕對是當前強調跨域學習的環境的最佳楷模；又如劉兆漢院士，曾經擔任過中大校長，是臺灣地球科學以及永續發展研究的重大推手；又如鍾邦柱院士，雖然不是成長於大城市，但依舊勤奮好學，留學美國，專精於類固醇荷爾蒙之領域，為該領域打開全新篇章。

礙於篇幅關係，茲不贅述，待讀者細細品讀他們精彩的人生事蹟，欣賞他們對待科學的態度，並以此為學習典範，則是我對於大學生們的期許。相信這些20世紀後期為科學發展貢獻卓犖的一群偉大科學家的故事，具有資鑑意義，值得我們認識與學習。

人類文化的成長，體現在科技的進步，而科學家的人生經驗、心路歷程，則呈現在口述的訪談之中。因此，我認為這本書是AI時代之下的人文與科學教育的極佳展現，讓我們能夠從科學家的視野，感知科學的研究經過，學習前賢的寶貴經驗，培養科學研究之素養，提升科學治學之精神，由此更能呈現人文的價值。在高等教育中，科學教育與人文精神同等重要。於是從事教育最前線的我，非常的支持這本書的刊行，這是推動人文與科學教育的一本好書，值得大家閱讀。

最後，感謝所有背後對於此書的默默付出與努力的同仁們。是為序。

【序二】　　彭富源 （教育部國民及學前教育署署長）

　　「適性揚才、終身學習」是十二年國民基本教育的願景，以「核心素養」為主軸，培養孩子具備適應現在生活及面對未來挑戰的知識、能力和態度。中央大學「臺灣科學特殊人才提升計畫」（TTSS），透過推動全面的科學教育，促進學術研習、跨領域合作和人文關懷，以培養學生全人發展的素養。使學子擁有解決問題、面對未來社會挑戰的能力，並激發對學習的熱情、提升創造力和批判性思考，成為具有國際競爭力的人才，是TTSS及國教署所重視的目標。

　　TTSS自109年起，辦理如全民天文教育、戴運軌地球科學營、高中教師研習營、蓋婭科普講座、蓋婭人工智慧冬令營等、K-12天文教育論壇、國中學生一日大學參訪等全方位的科學活動，提升學生在基礎科學的認識，讓學生們有新的途徑累積自身的科學素養，同時也幫助孩子在學習的過程中，不只認識書本中的知識，更對於尋找學習方向，能有所助益。

　　中央研究院聚集眾多傑出科學家及研究人才，TTSS在111年採訪中研院院士，並出版《中研院院士的十堂課——探索之路》，匯聚10位科學巨擘的寶貴心路歷程，一探學術研究的精神。今日，系

列的第二本書《中研院院士的十堂課──溯本求源》發行，如同牛頓曾說：如果我看得比其他人遠，是因為我站在巨人的肩膀上。書中所薈萃的精采人生故事，能使我們站在院士的肩膀上，窺見科學的發展、治學的歷程以及人文的精神，在現今講究跨領域探索與整合的氛圍下，讓讀者認識到院士的成功經驗。

在《中研院院士的十堂課》系列書籍中，可以從院士們的經歷發現他們對於科學研究的無比熱忱，本書的副標題為「溯本求源」，經由書中院士的口述訪談，讀者除了能看到臺灣科學發展的歷史軌跡，更可以透過院士的人生經驗，挖掘其成功的樞紐，得知對任何事情鍥而不捨、堅毅不拔的態度與精神，不僅提升學生們選擇科學研究道路的信心；在看見其研究享譽國際的同時，不忘回饋社會，更能學習不忘本的精神，並了解藉著眾多前人付出，才有今日臺灣的科學與科技的發展。

這是一本值得分享給師生們閱讀的良典，每段院士的故事，更是涵蓋了自主行動、溝通互動和社會參與的精神。相信本書對於臺灣科學教育的推動，以及學子們探索生涯的道路上，有很大的幫助，也希望讀者們可以從中獲得美好的閱讀經驗。

【序三】 葉永烜（國立中央大學天文研究所教授及計畫主持人）

　　我有時候覺得文字很奇妙，不只中文有著圖像造型，字中有字，連英文有時也是如此。譬喻說LIFE便帶有生命的涵意和解釋，L是Legacy（傳承）；I是Identity（自我）；F是Future（未來）；及E是Education（教育），也就是說生命是傳承加自我加未來加教育。如四者缺一，生命便不會完整，我想學術生命亦應如此。可能有人便說臺灣的科學建設只是最近幾十年的事，不能與歐美和日本的源遠流長比較，哪來傳承？但歷史學家許倬雲院士常說的一句話：人家走過的路，便也是我走過的路。所以這本「中研院院士的十堂課」所說臺灣頂尖科學家求學和研究工作走過的路的故事，一方面是把他們的師承帶回家，發光發熱；一方面也成為我們的傳承了。

　　如果我們以科學人自我期許，那又怎樣才是一個科學人的作風呢？這可能又要用到目標的英文字「AIM」了。把AIM拆開來便是Action（行動）、Interest（興趣）、和Motivation（動機），這是學習和科學工作缺一不可的人格特質。有了目標才可以叫人十年磨一劍的鍥而不捨，而非東碰一點、西碰一點，到頭來只落得十年一覺揚州夢，所得無幾。

　　「臺灣科學特殊人才提升計畫」起始之初便是要瞭解為何日本從2000年開始便平均每年拿一個諾貝爾獎，是有何秘訣？我曾問一

位日本諾貝爾獎得主，他給我作了仔細的分析，但這只是部份的答案。我想一個很重要的因素是日本學界還是受到所謂「Ikigai」（生き甲斐）的影響。Ikigai的意思是「每天早晨起床的理由，你生存的價值」，有著這個理念才能把一件研究工作專心鑽研，堅持到底。雖然多有失敗的情況，但一旦成功便可能很了不得。我自己認識的日本科學家不少便是如此，他們亦以此自傲，問題是如何把這個別人走過的路變成我們的路。

事實上仕科學界另一個重要例子便是德國馬克斯普朗克學會，它屬下的 究所往往物色一些30出頭的科學新秀委任為所長。理由是一個新興領域從萌芽到開到茶薇大概是20-30年的時間，所以如果能夠找到一個領袖人物，予以極為充分的資源便有機會在這領域移山倒海，獨領風騷。這在臺灣可以說是聞所未聞之事，但馬普學會則是行之有年，並藉此種措施在過去20年德國得到10個諾貝爾獎中便佔了7個。這種商業模式（business model）如果可以這樣說的話，也是值得我們作為參考的。

當然，快要來臨的AI時代充滿了不可測性和挑戰，現在非常熱門的便是要有彈性和與時偕進的教育。使得我們的年青人不管在怎樣的環境都能夠找到舞臺，在學術界或其他領域奮鬥向前，這才是最重要的事。在這本書的中研院院士的十堂課中，我們會發現他們的科學興趣不少是來自中小學時老師的循循善誘和啟發。所以我們寶貴的中小學教師才是臺灣科學教育和成就的幕後英雄。不但把前端10% 的學生培育成尖子發揮所長，也使後端10%也能夠發揮所長，這大概才是教育的真正價值。也希望這群對科學教育充滿熱情，生命力和目標的英雄教師能夠不辭勞苦，堅持到底，繼續努力，培育出新一代的中研院院士以及臺灣的諾貝爾獎主。

編輯説明

1. 臺灣科學特殊人才提升計畫工作團隊自2020年起，邀請中研院院士進行面對面訪談，並整理錄音的逐字稿，撰文輯錄編印成書，本書《中研院院士的十堂課——溯本求源》結集了十位院士的訪談，為此系列第二冊。

2. 此系列製作有兩個主要目的，一、其逐字稿將可作為臺灣近代科學家的口述歷史（這種工作在臺灣尚是欠缺的）；二、編印而成的書可以把對臺灣科學發展貢獻良多之科學家的學習經驗及研究工作與年輕一代學子分享。從這些楷模的故事中，引導青年從中學習及反思，啟發他們對臺灣科學發展的想像。

3. 從訪問錄音中可知這些成就非凡的科學家，他們於臺灣經歷大學以前的學習階段，及後走訪各國又回到臺灣發展，既見證了當年臺灣國小、國中及高中老師們的偉大貢獻，更側面描寫了臺灣近代的科學成就及科學教育的發展。

4. 本書依訪談時序編排，內容包括受訪院士年輕時在國內之成長及求學經歷、對其有重要啟發性的人或事、國內外的研究經驗、重要成就及給讀者的勉勵。序文三篇，作者為國立中央大學校長周景揚、教育部國民及學前教育署署長彭富源、計畫主持人國立中央大學天文研究所教授葉永烜；書後編後記則為本書之編輯及訪談小組之感言。

峰迴路轉的人生
華語語音技術的領航人

李琳山院士

李琳山院士

● 訪談時任職

　國立臺灣大學電機工程學系及資訊工程學系教授

　中央研究院資訊科學研究所合聘研究員

● 當選院士屆數

　第31屆（2016年，工程科學組）

● 學歷

　國立臺灣大學電機工程學士（1974）

　美國加州史丹佛大學電機工程碩士（1975）、博士（1977）

● 經歷

　國立臺灣大學資訊工程學系系主任及研究所所長（1982-87）

　　研究發展委員會主任委員（2002-05）、電機資訊學院院長（2009-12）

　中央研究院資訊科學研究所所長（1991-97）

● 研究專長

　語音訊號之電腦處理

● 重要成就、榮譽

　中華民國十大傑出青年（1985）

　國科會傑出研究獎/特約研究員（1985-99，14年共7次）

　中國電機工程學會電機工程獎章（1991）

　IEEE Fellow（國際電機電子工程師學會會士）（1992）

中華民國教育部學術獎（工科）（1993）

Distinguished Lecturer, IEEE Computer Society/IEEE Signal Processing
　　Society（1995/2006）

Member of Board of Governors, IEEE Communications Society（1995-1997）

Vice President for International Affairs, IEEE Communications
　　Society（1996-1997）

Chair of Awards Committee, IEEE Communications Society（1998-1999）

Board Member, ISCA（國際語音學會）（2001-05、2005-09）

財團法人傑出人才基金會傑出人才講座（2002）

中華民國教育部國家講座（2004、2007）

ISCA Fellow（國際語音學會會士）（2010）

Meritorious Service Award, IEEE Signal Processing Society（2011）

Exemplary Global Service Award, IEEE Communications Society（2014）

總統科學獎（2015）

ISCA Medal for Scientific Achievement（國際語音學會科學成就獎章）
　　（2022）

李琳山院士於2021年10月16日接受採訪。

「回去的路上我心想，不可能呀！我怎麼可能沒過呢？」李琳山院士實在不甘心，半途折返再去看公告欄。「回去看了，當然還是沒有！於是只好離開，走了一段路想一想還是不甘心，又再轉身回去看，當然還是沒有！這樣來回走了好幾次，我實在不相信我落榜了。」他說，這是他的人生中遭遇的第一個極大的挫折。

李琳山院士在臺大電機開授「信號與系統」課程，在每年學期結束時都會加講一段生涯發展（career development）的體驗心得，同學們一致認為這一段課程是整個學期中最精采的一段，並將其命名為「信號與人生」，但只有上課的人才聽得到。到了2019年李院士終於接受了同學的建議，決定直接把這段課程錄影放上網路，於是2019以後的這段課程，人人都可以看影片了！

李琳山院士曾任臺大電機系與資工系的教授達43年之久，剛在2023年2月1日退休。他也是中央研究院工程科學組的院士，曾獲頒總統科學獎，早在1985年便獲選為中華民國十大傑出青年。

或許這些稱謂離我們有點遙遠，但你一定在日常生活中聽過一項產品：「語音個人助理。」不管是Google的小助手或是Apple的Siri，或是微軟或Amazon的類似產品，這些輕薄短小的機器不只能夠聽懂你的華語指令，還能根據你的指令做出回應！而所有這些華語語音技術的核心基礎，可說都出自李琳山院士之手，或他所領導的學生團隊；包括1984年就完成的全世界第一台能說華語的電腦，及1991年就完成的全世界最早的華語語音辨識器「金聲一號」。

一口麵包的代價

「其實讀大學時，我認為我是學自動控制的，」李琳山院士笑著說道：「在我讀書的那個年代，系裡只有這個領域有兩門選修課可以選。」

當時美國人才剛登陸月球，在這項當時全人類最偉大的工程之一裡面，其中一項關鍵技術就需要精準的控制火箭、太空艙及登月艇，讓它們順利走完複雜的旅程，並穩定、平順的降落在月球表面。自動控制因而成了當時電機工程極熱門的領域。

「後來我研究所申請上美國史丹福，但它沒有提供獎學金。」李琳山院士接著說，當時申請美國簽證必須先結匯一筆不小的美金到美國的銀行，這對於他的不富裕的家境是太難了，「可是我父親絲毫沒有猶豫，替我克服了這個難題。」這是他這輩子最感動的事情之一。

但他沒有跟父親說的是，這筆美國簽證需要的錢只包含了三個學期共9個月的學費，並不包含生活費。他心中有了盤算：拿一個學期的學費當生活費，另兩個學期的學費註冊兩個學期，則可存活兩個學期共6個月。6個月內只要爭取到獎學金，就可以活下去了。這是難得的機會，一定要掌握。

因為當時的學生簽證是不能打工的，等到李琳山院士坐飛機在美國降落後，買了第一個麵包，就意識到生存危機：「第三個學期的註冊費已經不夠了，」他告訴自己：「6個月內必須爭取到獎學金，我已經沒有回頭路了。」

他也作了另一個重要決定：改攻半導體。「在臺灣時我認為我

李琳山院士1977獲博士學位時所攝。他說：「一襲黑袍多少路？十萬八千有餘零……」這是史丹福校園有名地標「教堂」，他說：很多人都在這裡照相；但只有真的走完這條路的人才知道它是如何的漫長崎嶇。

要唸自動控制，來到美國加州後，才知道大家都在唸半導體！因為那時是矽谷的黃金年代，而那裡正是矽谷的中心，因此幾乎所有的人都學半導體，我覺得我也可以啊！」

馬鈴薯、菠菜與雞肉

為了爭取到獎學金，李琳山院士卯足了全力準備「博士資格考」，雖然他當時才讀完大學部，剛進入碩士班；因為當時幾乎只

有通過這個考試，才有機會拿到獎學金。他第一學期因此決定選修三門課，另外旁聽三門課。「博士資格考是由電腦從四十多位教授中為每一考生隨機抽十個教授當考官，考生要到考官的研究室中一對一口試；我從沒經驗過這種考試，考試時間是第二學期開學時，只有一個學期的時間準備，而準備六門課已經是當時的極限了。」他回憶道。

到了放榜的那一天，當時沒網路，系辦把通過考試的學生學號印在紙上，張貼在系館門口；現場人山人海，一大群學生嚷嚷吵雜的擠成一團。「因為我心裡很緊張，不太敢擠到前面去看，就站在後面看著大家；有的人興奮得又叫又跳的，就是通過的；也有人默默的站了許久，應該是來回看了好幾遍還繼續看，就是找不到自己學號沒通過的。」

等到人群逐漸疏散後，李琳山院士才終於鼓起勇氣上前查看榜單。「我由上往下找我的學號，越往下看心越涼，一直看到最底下，都沒看到我的學號。」他不相信這個結果，一再的反覆確認了好幾遍，才終於接受這個事實。

「回去的路上我心想，不可能呀！我怎麼可能沒過呢？」李琳山院士實在不甘心，半途折返再去看公告欄。「回去看了，當然還是沒有！於是只好離開，走了一段路想一想還是不甘心，又再轉身回去看，當然還是沒有！這樣來回走了好幾次，我實在不相信我落榜了。」他說，這是他的人生中遭遇的第一個極大的挫折。

李琳山院士最後終於不得不接受這個殘酷的事實，立即要面對的是：沒考過表示幾乎拿不到獎學金，6個月過完就幾乎無法存活下去。「要立即想辦法開源節流，省每一毛錢」。他在超市裡面尋

找最便宜的澱粉類、最便宜的蔬菜，還有最便宜的肉類，希望賴以維生。

「最後我找到的分別是馬鈴薯、菠菜和一整隻未經處理帶骨頭的雞；從這天開始，我每天就只吃這三樣東西，一直到後來我拿到獎學金為止。」李琳山院士在描述這段經歷時語氣平靜；但平靜的語氣中卻可聽出他背後的艱辛及意志的堅定。

當然吃飯省錢只是「下策」；李琳山院士明白，他的罩門是考試沒過，幾乎拿不到獎學金，再省吃儉用也活不久。真正的「上策」是，努力去找每一個實驗室每一位教授；只要找到一位教授願意出獎學金收他唸博士，他的問題就解決了。但是通過考試的學生總數比獎學金總名額多，教授們通常不考慮沒考過的學生。李琳山院士此時發現，半導體領域中學生間的競爭極為激烈，像他這樣考試沒過又是半路出家的外國人，是處於極端劣勢。「我咬緊牙根依序去拜訪一位接一位教授，尋求他們之中有人願意考慮收我唸博士的機會；但他們幾乎都一樣，看了看我的資料，就會把我請出去，只是有人比較客氣，有人毫不客氣；根本找不到任何一位教授願意收我。」半導體領域的教授問完了，就問下一個領域；好多個領域後來都問完了。

李琳山院士最後決定只要有教授願意出獎學金，「無論他做什麼領域我都做」。幸運的是，有一天找到一位做「人造衛星通訊」的教授願意提供他「半個名額」的獎學金，雖然他根本沒讀過通訊的任何一門課，也完全不瞭解人造衛星。他還以為是聽錯了，確認後發現沒錯，「我毫不猶豫就答應了，半個名額足以存活。」他說：就在那一刻，他就決定了他的博士論文領域，變成了人造衛星

1979年李琳山院士剛回臺大時攝於當時的電機館（今電機一館）2樓研究室，5位老師共用一間，且沒有實驗室。

通訊。他說，「這位教授是我的『伯樂』，但我的『伯樂』是我自己踏破鐵鞋找到的。」

回家不需要理由

博士畢業後的李琳山院士，決定履行他在臺大電機系唸書時的夢想：「回臺大電機系當老師」。可是當年的臺灣當然沒有衛星通訊，連電子產業也都還完全沒有起步；這意味著若是他回國，是沒有任何研究可以做的。

他的朋友們聽到他的決定，紛紛表示反對；一直到他回到臺大開始任教，仍有許多人問他為何做出如此愚蠢的決定。後來他有了一個簡單的回答：「回家不需要理由。」

「那個年代，臺灣是經濟沙漠，也是學術沙漠。我們沒有竹

科、沒有電子產業，什麼都沒有。我們是靠農業、手工業、輕工業來賺到外匯的。」李琳山院士回憶。

他是高雄人，最有印象的就是當年高雄的「加工出口區」。每天清早，整群的女工騎車進去上班，在工廠裡用手工做衣服或鞋子等產品，直接出口去賣，幫臺灣賺外匯。那個年代，是靠這些人的努力，讓當年的經濟慢慢由農業轉型為輕工業，再慢慢轉型過來，最後才造就出後來「經濟奇蹟」的年代。

剛回到臺大教書的李琳山院士，當然是沒有經費、沒有電腦、沒有實驗室的。什麼都沒有，只有破舊的教室裡，坐著整群的學生。他當然在回臺前就很清楚環境有多困窘，因為他就是從這裡走出來的；但他也瞭解，這群學生中很多人家裡很窮，可是，能坐在這裡，顯示他們是全臺灣最聰明、最頂尖的年輕人。李院士瞭解，這些學生和成功的工程師、社會中堅甚或領袖人物間的距離其實很近，所缺的，可能只是少一名好老師。

李琳山院士說：「我讀小學時學到一句話我印象很深刻，就是孫中山先生說：『聰明才智高者，當服千萬人之務。聰明才智中者，當服十百人之務。聰明才智低者，則服一己之務。』」李琳山院士說，「既然現在我有能力可以教，那就我來吧！」他因而當時就下定決心，以「好好教臺大電機系大學部學生」為他的唯一最主要目標，完全沒有奢望能做什麼多頂尖的研究，因為條件不允許的。

「當然我當時心裡也希望未來有一天有機會在臺大做好的研究。」他的盤算是，先花一年的時間來摸索新的可以在臺灣作的研究方向，最大原則就是一定要不需要很多經費，只需要少許資源，

「金聲三號」1995年，可
輸入連續語音。這張相片
取材自路透社（Reuters）
在1995年派員前往臺大
實驗室專訪所發佈的新
聞稿，當時刊載歐、
美、亞洲各大媒體。路
透社當時新聞稿的標題
為 "Computer Listens to,
Writes Chinese"。

不需要實驗室就可以做的。」李琳山院士笑著說，後來他真的有
找到這樣的研究方向，那就是他後來做了二十年的「數位通訊理
論」。

一張紙、一枝筆的研究

數位通訊的原理，就是將所有自然界的訊號（例如；聲光影
像）都轉成一大堆0和1（數位訊號），如此一來在傳送訊號的過程
中就可以減少破壞與失真，讓訊號傳遞更準確。今天幾乎所有的通
訊設備如：電話、手機、電腦、網路都是以數位的方式傳送的。

「在我那個年代，數位通訊還沒有真正實現，只是寫在論文
裡。」李琳山院士說，「所以我有很多理論可以做。」而理論研究

的好處就是，只要有一張紙、一枝筆就可以做研究。所以當時的李琳山院士就把「數位通訊」當作他第一個研究主軸。

　　「但是光是在紙上做理論太無聊了，與工程實務頗有距離，而我想要有能接觸一點真實訊號的機會。」李琳山院士說，他在美國研究衛星通訊時，其中一個重要的應用就是越洋電話。因此他對人類的語音訊號有一點經驗。他想到語音訊號數據量不算太大，做起來所需資源或許不算太多。而當時他手邊極為短少的資源中，就恰好有可以初步處理語音訊號的「微處理器（Microprocessor）」，所以他後來就決定，把「語音訊號」當作他第二個研究主軸。

　　就這樣，以使用最少的資源為主導考量，「數位通訊理論」與「語音訊號處理」就與李琳山院士展開了一段長達數十年的不解之緣。

1998年李琳山院士在IEEE所屬通訊學會的副總裁（Vice President）兩年任滿卸任時，當時的總裁（President）Dr. Steve Weinstein，在常務理事會（Board of Governors Meeting）中公開表達感謝李教授之貢獻。

大腦自動替我做了選擇

1980年，微處理器成功說出半句華語。

1984年，當時極原始的個人電腦可以說出任意文句的華語了，這讓李琳山院士及他的學生大為振奮。

1991年，世界上第一台中文語音辨識器「金聲一號」問世。它可以聽任意文句的華語，但必須每一個字斷開來以單音輸入。

1995年，「金聲三號」問世，此時的機器已經可以聽一整句話的連續語音了。

李琳山院士在他在臺北主辦的Globecom 2002慶祝IEEE通訊學會50週年大會晚宴的「五總裁論壇」中，邀請學會的五位前後任總裁（Presidents）同台座談電信科技之展望：（左起）Roberto de Marca（2000-01，巴西），Celia Desmond（2002-03，加拿大），Maurizio Decina（1994-95，義大利），Steve Weinstein（1996-97，美國），Curtis Siller（elected for 2004-05，美國），他們共橫跨4國3大洲。

李琳山院士的「信號與系統」課程中，每年學期結束時的「信號與人生」，他一向都是一面說，一面把要點寫在教室裡的黑板上。

　　那是風起雲湧的年代，也是華語語音技術史上的里程碑。在前面的二十年中李琳山院士在「數位通訊理論」與「語音訊號處理」兩個領域進行雙管齊下的研究，到後來他覺得「蠟燭兩頭燒」，實在是撐个卜去了。此時的他已經是享譽全球的通訊學者，並在國際電機電子工程師學會所屬的通訊學會（IEEE communications society）獲選為主管全球學術事務的副理事長（Vice President for International Affairs）；可是，在他完成他在臺北主辦的IEEE Globecom 2002全球通訊會議後，他毅然決然地停止所有的通訊理論研究，選擇了「語音訊號」作為之後唯一專攻的研究領域。有人問李琳山院士，在他的「雙管研究」中，是如何選擇關掉這一管而保留另一管的，他的回答別人很難想像：「我當時常坐在通訊的會議裡面，跟大家在談通訊，卻發現我的大腦仍然在想語音的問題，

我就知道其實我的大腦已經自動做了選擇。」

多做加法，少做減法

我們請李琳山院士送給現在的學生三句話。事實上李琳山院士歷年來送給學生們非常多的名言金句，所以要他選出三句來是很容易的：「第一句話就是『多做加法，少做減法。』」

從自動控制、半導體、人造衛星通訊、數位通訊理論、語音訊號處理，一直到後來的機器學習及最近的深層學習，李琳山院士始終不斷的在挑戰新的領域，也就是「做加法」。這在旁人看來或許不可思議，因為光是其中任一個領域就需要花極多的時間去學習鑽研；但他強調，想要因應新時代的快速變遷，不斷「做加法」的能力非常重要，不論是進入新領域，或只是學習若干新知識新學問，因為每做一次「加法」，就加大了未來的空間和機會。但如果抗拒學習新學問，那就是做了「減法」；會把自己未來的空間或機會切掉了。

迎頭趕上

「第二句話是『迎頭趕上』。今日世界的學問日新月異，變化萬千；因此做學問不能只跟在後面追，而是要「迎頭趕上」；也就是先把基礎的知識學好，然後就應可以直接跳到最前端去學習最新的知識。如果你讀得懂，那顯示你基礎夠了，可以由此來判斷之後該走的路；如果讀不懂，這也很正常，因為你中間略過了很多學問

2022年李琳山院士獲國際語音學會（ISCA）頒授「ISCA 科學成就獎章」，這是全球語音學界最大獎，左邊是 ISCA 總裁（President），德國籍的Sebastian Moller教授，右邊是前一任的 ISCA 總裁，美國籍的John Hansen教授。台上大銀幕說明這個獎章，有李教授的大相片，及他的得獎理由（Citation）。

李院士在ISCA年度大會Interspeech 2022獲頒「ISCA科學成就獎章」後作開幕主題演說（Opening Keynote）時的場景：大銀幕的中央是他演說的投影片，而左右兩邊的銀幕是他演說的特寫鏡頭；他本人則在舞台上的左側，相片中的左端中央非常小的身影。

2017年電機系大學部學生的小畢典結束時，大群畢業生一擁上台爭相與李琳山院士合影，幾乎將李院士（最後第二排中間偏右）淹沒。

沒有讀，這時候你應該知道欠缺的是什麼，就趕快去補足你欠缺的那些知識。」李琳山院士接著說道。

　　「但最重要的是，補完欠缺的就繼續跳到最前端，並一直不斷地跳到最前端並往前走。」他也強調，不論任何領域，基礎永遠是最重要的；只有掌握了基礎，才有能力「迎頭趕上」，才有辦法自主學習新的知識；並能在進入新領域、學習新知識時，能夠快速地適應、快速的學習。

在科技一日千里的時代，每天都可能有爆炸性的新知識出現；今天最尖端的發現，可能明天就會被推翻；今天最熱門的科技公司，可能明天就會倒閉。所以如果沒有掌握好基礎，就很難去學習當前最新的學問、看懂最新的發展；如果不能走在最前端，就不容易掌握正確方向；一不小心，就可能輸給別人一大截了。

見樹也見林

「第三句話就是『見樹也見林』。『林』是全面的，但是只有巨觀的瞭解，『樹』是指每人需要選定某些特定的學問深入鑽研；深入有深入的部分，全面有全面的部分，這就是『見樹也見林』。」意思就是作學問時不要只知道鑽到一個洞裡面，不論鑽得多麼深。你永遠需要不斷地走出來，看看外面的世界與你鑽的洞之間的相互關係；不要只是爬在一棵樹上，要不時退出來看整個林，再選下一棵樹去爬，不斷地這樣重複地見樹也見林。

李琳山院士一氣呵成說完了給學生的三個建議，絲毫沒有猶豫，中間也幾乎沒有任何停頓；顯示這些話平時就在他的腦海裡，幾乎不假思索的就脫口而出。

他已獻身教育四十多年，教出無數優秀的學生；數十年來科技世界、社會環境都不斷地大幅改變，不變的是他那為人師表、對學生殷殷期盼的初心。

我們請他說說他覺得今天的年輕人與幾十年前的年輕人相比，有何不同？他說最明顯的是，今天的年輕人見多識廣得多。有了今天豐富的網路環境跟資訊世界，可以聽到、看到全世界各種各式各

2023年李琳山院士榮退時，他的實驗室舉行「歷屆碩博士生大團圓同學會」，這是共有超過150人的大合照，照片中的碩博士生，橫跨時空43年，這也是實驗室有史以來最大的一張大合照。

樣的事情與知識；很顯然的比從前那群年輕人更為見多識廣，在各方面的條件、能力都較強。

但另一方面，他覺得幾十年前的年輕人反而比較有大志。在那艱難拮据的年代，當年多數人恐怕都是一無所有，想做什麼也就不必擔心如果沒作好會失去什麼，因此碰到機會就馬上去做了，所以比較能夠掌握機會、面對挑戰，因而做出大事。而今天的年輕人，在一個富裕的環境下，因為手邊擁有非常多的東西，想做什麼反而會擔心如果沒作好，會失去這個或失去那個，瞻前顧後的，因此掌握機會、直接去面對挑戰的企圖心就比較小一點；少了一點野心，多了一些小確幸，這其實也就是現在的社會氛圍。

Do what you enjoy. Enjoy what you do.

「每一個人一生中都會遇到非常多各種各樣的機會，也都會碰到各種各樣的挑戰。但每人不同的地方在於，有的人碰到難得機會他就立刻充分掌握，碰到嚴酷的挑戰他會勇敢的面對，所以他可以一直往前走，結果做出非常了不起的事；有的人碰到很好的機會卻不知道掌握，碰到挑戰他覺得有點難就退縮逃避，這就造成了人跟人之間的差別。」

「我一向認為，每個人都會有一條最適合他自己的道路；沒有兩個人的興趣、背景、能力是完全一樣的，所以也沒有兩個人應該走完全相同的路。但是每個人到底應該走哪條路，只有他自己去摸索才有可能發現，如果只是跟著別人走的話，可能最後會發現那不是自己最適合的路，但已無法改變。每個人只有自己去摸索，才會找到自己最喜歡並最能發揮所長的道路。」

回顧李琳山院士的經歷，正好驗證了上面兩段他所說的話。從求學時所遇到的　連串的困境與挫折，一直到研究時所要面臨的各種抉擇；他的一生當中處處都是艱難的挑戰與當機立斷的選擇；既作了選擇，就全力以赴作好它，來證明選擇是正確的。回味那麼精彩的人生，他將畢生的經驗濃縮在以下幾句說話中告訴大家。

「其實就是Do what you enjoy. Enjoy what you do.」他笑著說道。「你一定要選擇去做你自己很喜歡的事；既然你做了，你就更要喜歡他；於是你就會做得很快樂，而且因為你快樂又喜歡，所以就會做得更好。」

（訪：葉儀萱、盧沛岑／文：樓宗翰）

一點天份一點運氣
平淡而不凡的人生

鄭淑珍院士

鄭淑珍院士

簡 歷

● 訪談時任職
　中央研究院分子生物研究所特聘研究員

● 當選院士屆數
　第29屆（2012年，生命科學組）

● 學歷
　臺北市立第一女子高級中學
　國立臺灣大學化學系學士（1977）
　美國杜克大學生物化學博士（1983）

● 經歷
　美國國家衛生研究院博士後研究（1983-1984）
　加州理工學院博士後研究（1984-1988）
　中央研究院分子生物研究所副研究員（1988-1994）、
　　研究員（1994-2003）、特聘研究員（2003-迄今）
　中央研究院分子生物研究所所長（2013-2019）

● 研究專長
　核醣核酸剪接的分子機制

● 重要成就、榮譽
　國科會傑出研究獎（1994、2010）
　有庠科技論文獎（2003）
　侯金堆傑出榮譽獎（2005）

教育部學術獎（2007）

世界科學院生物科學獎（2010）

世界科學院院士（2013）

國立臺灣大學傑出校友（2015）

鄭淑珍院士於2021年10月30日接受採訪。

「成功沒有竅門、沒有捷徑，只有一步一腳印，彷彿一切都很平凡，踏實的做好每一件事情。」

「我只是一個平凡的人，我的生活哲學就是順其自然，學術生涯也是如此，本著興趣順其自然發展。」雖然謙虛表示自己很「平凡」，不過事實上是「平淡而不凡」。專注投入在研究，而顯得平淡自然；研究成果豐沛、學術成就燦然，而顯得不凡。鄭淑珍院士覺得自己能在學術研究有一些成就，最重要的是對未知充滿好奇，並且能鍥而不捨的去追究，常常會因論點獲得實驗的驗證而雀躍不已。

鄭淑珍院士，1977年畢業於臺大化學系、1983年取得美國杜克大學生物化學博士學位。主要從事核醣核酸（RNA）剪接研究。曾在美國國家衛生研究院及加州理工學院進行博士後研究，並曾擔任中央研究院分子生物研究所所長；曾獲有庠科技論文獎、侯金堆傑出榮譽獎、教育部學術獎、第三世界科學院生物科學獎等諸多榮譽獎項，並獲選世界科學院院士，為臺灣極為傑出的生物化學家。

少年的求學之路

鄭淑珍院士家中有五個兄弟姊妹，雖然家庭沒有學術背景，但四位讀到了博士學位。她表示，父親小時候成績優異，但因為家境不好，只能遺憾的放棄醫學院而去讀商職。但是他做人非常正直，不會攀權附勢；而且他盡職努力，以身作則教導子女凡事要努力，盡力做好本分的事。

過去的傳統社會常有重男輕女的傾向，不過鄭淑珍院士在求學之路上，都能得到父母親的支持與鼓勵。父母雖然不會要求他們兄弟姐妹追求高學歷，也不認為女孩子不用讀太多書，反而非常支持他們出國深造的決定。鄭淑珍院士表示，父親可能是要彌補自己過去無法接受高等教育的遺憾。她坦言，自己的學習歷程都是跟著興趣走，在過程中並沒有想太多，也非常感謝父母親的支持。

鄭院士高中時參加救國團的虎嘯戰鬥營時留影。

踏入新興領域，確立研究生涯，厚植研究基礎

鄭院士大四的時候在羅銅壁老師的生物化學實驗室做專題，研究蛇毒蛋白。實驗方法跟一般化學實驗很不一樣，她覺得增添了生命的化學更有趣。到杜克大學唸書時就選擇了生化系，原想要延續在臺大接觸到的蛋白質研究，去跟作醣蛋白質研究的系主任作博士論文，但沒有被接納。反而是另外一位教授保羅 莫德里奇（Paul Modrich），積極邀請她加入他的研究團隊，從此改變了鄭院士一生的研究方向。當時莫德里奇教授正在新興的分子生物學領域作探

討，專注於基因特性的研究；而原本屬意的蛋白質化學研究是採用較傳統的方法。她回想能夠在1979年即時踏入這個新起的領域，算是機緣，也非常的幸運。

莫德里奇教授是分子生物學鼻祖阿瑟·科恩伯格（Arthur Kornberg）的嫡系傳人，研究態度非常嚴謹。鄭院士剛進入其實驗室時，莫德里奇教授還是助理教授，相當年輕。那時實驗室人數也較少，因此學生都獲得許多關注和指導。鄭院士每當有疑問請教他，他都能夠解惑。她非常敬佩莫德里奇教授的無所不知，也把他當做學習的榜樣，希望自己以後也可以跟他一樣。莫德里奇教授多年來在DNA修復機制的潛心研究有卓越的成就，榮獲2015年的諾貝爾化學獎。他本人治學十分嚴謹，對實驗要求非常嚴格，他經常說的一句話是「實驗一旦決定要作，就要確確實實的作」。在他的指導下，鄭院士成功地完成三個研究項目，獲得莫德里奇教授的讚賞，也激發起她對分子生物學研究的高度興趣。幾年下來的訓練培

鄭院士在大學畢業典禮時與父母合影。

養出她良好的實驗態度與研究分析能力，打下從事未來深遠學術研究生涯的根基。

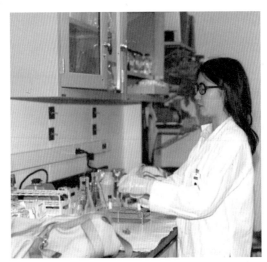

鄭院士在杜克大學實驗室進行實驗。

取得博士學位之後，鄭院士進入美國國家衛生研究院從事博士後研究。但是那個實驗室裡的研究模式不是她所喜愛的，因此只待了一年就轉到了加州理工學院，跟隨約翰 艾貝爾森（John Abelson）教授從事核醣核酸剪接的研究工作。艾貝爾森教授是開創核醣核酸剪接研究的始祖，幾年前他建立了轉運核醣核酸剪接的研究系統，當鄭院士加入時艾貝爾森教授正在嘗試建立酵母菌訊息核醣核酸的剪接系統，以研究其反應機制。由於這是一個新開發的研究領域，提供了鄭院士寬廣的研究空間，也引導其研究生涯定訂於此方向。

鄭院士回憶，艾貝爾森教授跟莫德里奇教授的風格大異，艾教授只注重大方向，不太在意細節。他人脈廣闊，經常與別的實驗室相互交流，並得來第一手訊息；而且無論實驗室需要什麼試劑或需要跟誰合作，他都有辦法安排解決。對於尖端研究，頂尖實驗室間的競合是非常的微妙，這段學術經歷讓鄭院士大大開了眼界，目擊了尖端研究如何在眾多實驗室之間競爭與合作下開花結果。雖然在

研究上艾貝爾森教授沒有給她過多的指導，但整個訓練也讓自己漸漸完全獨立。此外，艾貝爾森教授是一個心胸十分寬闊的人，對於每一個即將離開的博士後研究員，都同意他們一年之後若發表研究成果，即使是延續博士後的工作，也可以獨立發表（不需掛他的名字）。鄭院士認為自己非常幸運，親炙這兩位大師不同的學術風範，對其日後研究及處事的態度有莫大的正面影響。她學術養成過程中深深受益於這兩位貴人

核醣核酸剪接的研究

1988年，鄭淑珍院士離開加州理工學院，回到臺灣進入中央研究院擔任分子生物研究所副研究員，6年後升為研究員，2003年升為特聘研究員，2013年擔任所長，至2019年卸任，一路肩負臺灣科學家在分子生物學領域的研究、教育及推廣重任。在過去30多年間，鄭淑珍院士持續從事基礎研究，專注在發掘生物體內的核醣核酸剪接的奧妙真相，這是生物體基因表現重要的一環。由於許多遺傳性的疾病都跟剪接反應出錯、或是調節失控有關，所以這方面的基礎研究，對於上述疾病機制的了解及疾病的治療不可或缺。

鄭淑珍院士解釋，人體大概有兩萬三千多個基因，反觀做麵包的酵母菌為單細胞生物，就有六千多個基因，而人的細胞要分化成不同的型態，以執行各種不同的功能，複雜性遠遠是於酵母菌。然而其基因的數目卻不到酵母菌的四倍，似乎很不可思議。事實上，人體的基因非常複雜，每一個基因都可以製造出多個不同的蛋白。基因的序列上有些是可被用的，有些是不被用的；不同的蛋白會採

五位前博士班學生與鄭院士（右二）餐敘，慶祝她當選院士。

用不同的基因片段，就是靠剪接的調控。

　　鄭淑珍院士表示，核醣核酸剪接就像是電影的剪輯，因為核醣核酸在剪接的過程中，會剪下不需要的介入子，保留並且組裝所需要的表現子；這在細胞裡是非常普遍的現象，人體大概百分之九十五以上的基因都需要藉由核醣核酸剪接的調控產生不同的蛋白。在細胞分化的各個階段，需確定那些片段要用、那些不用，如此才能製造龐大的蛋白組合，讓生物體變成極為複雜的個體。

　　一旦剪接的過程中出現錯誤，沒有精準的「保留」與「捨棄」部分片段，就會製造出錯誤的蛋白質，造成體內生化反應出問題，進而導致生理功能異常。事實上許多遺傳性的疾病跟剪接失調有關，深入了解各個反應路徑的機制，更進一步了解調控的機制，才能了解疾病的成因，也才能研發出治療的藥物。

核醣核酸剪接的未來重要性

例如，有一種罕見疾病叫做「脊髓性肌肉萎縮症」（SMA），因運動神經元的基因發生變異，影響其剪接反應，無法製造出正常的蛋白，導致肌肉在成長的某些階段會開始萎縮。這種病越早發作，病患就越難存活。隨著對於核醣核酸剪接機制的了解，科學家也開始研發利用調整剪接反應的方法來治療這種遺傳性的疾病。鄭淑珍院士的一位美國朋友阿德里安 克賴納（Adrian Krainer）針對這個疾病作了將近二十年的研究，利用對特定剪接位有專一性的寡核苷酸來修正剪接的問題，並在大約六年前，成功研發出第一個治療「脊髓性肌肉萎縮症」的藥物。鄭院士表示，這是一項重大的突破，是第一個利用調整剪接反應來治療疾病的藥物，也是利用寡核苷酸作疾病治療一個很成功的案例，因為比起一般小分子藥物，其專一性高，副作用就相對的小。克賴納博士和其合作藥廠的夥伴也因此項成就獲得2019年的美國重大突破獎。

鄭淑珍院士表示，基礎研究在進行的時候，並不見得會馬上看見可能與醫療有所關連，就像三十年前完全不知道剪接反應跟這麼多疾病有關，所以基礎研究是很重要的。雖然它的目標是解開生物之謎，但瞭解生物的真相之後，對於人類健康的提升與疾病防治，絕對是有幫助的。

不過有關基因治療的藥物，難免讓人聯想到基因改造，是否會引起疑慮會有不好的後果呢？對此，鄭淑珍院士指出，這個基因治療並沒有去改造基因，只是去改造基因的產物。但目前基因編輯的技術已經成熟，這就有基因改造的問題。改造基因有很深層的人類

鄭淑珍院士（右一）於2013年上任中研院分生所所長，並在交接典禮上與當時的翁啟惠院長（中）及卸任所長姚孟肇院士（左一）合影。

倫理的問題，需要嚴格的加以約束，目前也有廣泛的在進行討論。至於所有的藥要上市，都是非常謹慎的，必須先經過動物實驗，才進行人體實驗，經過三期臨床實驗，層層篩檢，因此製藥的成本非常高。尤其是罕見疾病的藥物特別昂貴，因為市場需求不大，又要花費很大的成本去作研究，才能研發出有效的藥。

成功沒有竅門　沒有捷徑

　　如今，鄭淑珍院士回首過去四十多年求學與研究經歷，總結心得，並給現在有興趣投身科學的年輕大學生一些建議。鄭淑珍院士說，從事科學研究，最重要的是時時刻刻保有好奇心，經常發掘問題，並且有探索下去的衝動。如果沒有好奇心，就很難支持持續下

去。她舉例，在研究生時代，作實驗時常常很急著想知道實驗有沒
有成功，有時等不到天亮，半夜就跑回去看實驗結果。有好奇心作
為基礎，才能在面對挫折時候，讓自己有動力跨越過去。

此外，有好奇心才會不停地學習、實作，才能不斷地進步，進
而累積大量的經驗。鄭淑珍院士表示，過去的學習過程、實驗研究
都是累積學術經驗的必經路線，就像人工智慧的資料基礎，都是需
要依靠不停學習、持續地嘗試很多不同的東西而累積來的，資料基
礎越大，在研究中做的判斷就會越精準，能夠具有判斷的能力絕對
是重要的。

因此，鄭淑珍院士鼓勵同學以好奇心去探索世界，並以此為動
力支撐自己，從探索、研究、挖掘中累積經驗，無論從事什麼領域
都容易成功。「成功沒有竅門、沒有捷徑，只有一步一腳印，彷彿
一切都很平凡，踏實的做好每一件事情。」

莫德里奇教授（中）受邀來中研院演講，演講後與其夫人及過去學生合影。

保持開放心胸，跨越研究瓶頸

研究過程中遇到瓶頸，是不可避免的，有時候實驗結果跟預測的不一樣，想破頭就是想不通。博士後研究的四年中，有一次的經驗讓鄭院士印象非常深刻。有個實驗是用放射性元素作的，最終得到的結果呈現在X光片子上。但實驗結果跟預期的卻不一致，一時不知如何解釋。之後，她就把X光片掛在書桌前，經常瞪著它看，左思右想。這樣經過了幾天，有一天靈光一閃，答案忽然跳出來。鄭院士事後反思：這醞釀了好久才突然得到解答，需要在思考中跳脫出主觀慣性的思維，從多元的角度去探索，發掘其它原先似乎不會存在的各種可能。「keep your mind open」，心要保持開放是從這次經驗得到的體會。

之後鄭院士漫長的研究歷程中，「實驗結果跟預期的不一致」並非少見。每次雖令她感覺挫折，必須修正原有想法，但也常常因為這樣而有了新的發現，重新思考新的模型解釋。大自然是很奇妙的，很多事情真相其實跟人的想像是完全不一樣的，每次出乎意料的實驗結果，就像提供了一個謎題，解決的那一刻，心中的興奮和滿足是難以言喻的，這也是作研究最有趣而吸引人的地方。由此所帶來的重新認知往往令鄭院士對生命的分子層次現象耳目一新。

一點天份　一點運氣　非常努力

「我只是一個平凡的人，我的學術研究之路也是順其自然而已。」鄭淑珍院士談到自己的成就時候謙虛地表示。她認為學術研

中研院分生所三十週年慶時實驗室團聚，中間紅衣者為鄭淑珍院士。

究成功有三要素：其一，要有點天份，其二，要有點運氣，其三，必須保持好奇心以及非常努力。她說，機運是很重要的。做研究不光只依靠努力或是天份，就能讓做出受到高度重視的結果，還要看這個研究題目當下是不是很熱門、很受重視。

回顧過去時光，求學之路上得到父母親的支持，又能得到羅銅壁院士、莫德里奇教授的啟迪，以及跟隨艾貝爾森教授投入核醣核酸的研究，最後回到臺灣在中研院分子生物研究所貢獻所學。鄭淑珍院士認為自己非常幸運擁有這些寶貴的機緣和經驗；同時，她也堅持踏踏實實做好自己的工作，探索自然的奧秘，為科學的進展盡一份心力。

（訪：葉儀萱、盧沛岑／文：詹椀婷）

發揮長才
做自己人生舞台的主角

周美吟院士

周美吟院士

簡　歷

● 訪談時任職
中央研究院副院長

● 當選院士屆數
第30屆（2014年，數理科學組）

● 學歷
臺灣大學物理系學士（1980）
美國加州大學柏克萊分校物理系碩士（1983）
美國加州大學柏克萊分校物理系博士（1986）

● 經歷
美國喬治亞理工學院物理系助理教授（1989-1993）
美國喬治亞理工學院物理系副教授（1993-1998）
美國喬治亞理工學院物理系教授（1998-2015）
美國喬治亞理工學院Advance講座教授（2002-2006）
美國喬治亞理工學院物理系系主任（2005-2010）
中央研究院原子與分子科學研究所特聘研究員（2011-迄今）
中央研究院原子與分子科學研究所所長（2011-2016）
國立臺灣大學物理系合聘教授（2011-迄今）
中央研究院副院長（2016-迄今）

● 研究專長
計算材料物理、理論凝態物理、奈米科學

● 重要成就、榮譽

美國加州大學Earle C. Anthony Fellowship（1980-1981）

美國加州大學Victor F. Lenzen Memorial Scholarship（1982-1984）

美國Alfred P. Sloan Research Fellowship（1990-1992）

美國David and Lucile Packard Fellowship（1990-1995）

美國Presidential Young Investigator Award, National Science Foundation（1991-1996）

美國喬治亞理工學院Sigma Xi Young Faculty Award（1993）

美國喬治亞理工學院Institute Fellow（1994-1999）

美國物理學會會士（2002）

美國喬治亞理工學院College of Sciences Ralph and Jewel Gretzinger Moving Forward School Award（2009）

臺灣傑出女科學家獎（2013）

美國物理學會期刊傑出審稿者（2013）

世界科學院院士（2019）

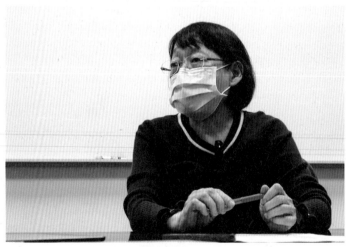

周美吟院士於2021年11月13日接受採訪。

「如果每天都能夠做自己最喜愛的事，並且還有人付薪水給你，這會是一件非常幸福的事。當然在工作過程中，並不會一帆風順，也一定會遇到挫折和困難，但是天生我材必有用，每個人都有獨特的使命和能力，只要找到了目標，就應該全力以赴把事情做好。」

周美吟院士，現任中央研究院副院長，出生於臺北市，專精於凝聚態理論物理與奈米科學。當年以第一名的成績考入臺北市立第一女子高級中學（北一女），三年後也以全校第一名畢業。大學聯考錄取第一志願臺灣大學物理系，四年後成為班上唯一一名由臺大物理系畢業的女性。大學畢業之後，周美吟院士赴美深造，分別於1983年與1986年取得加州大學柏克萊分校碩士及博士學位，之後於美國石油公司埃克森（Exxon）擔任博士後研究員。

1989年被美國喬治亞理工學院延攬擔任助理教授，1998年升任正教授，2005-2010年擔任系主任。2011年返臺擔任中央研究院原子與分子科學研究所特聘研究員兼所長與臺大物理系合聘教授。在美期間，曾當選為美國物理學會計算物理分部主席。回國後於2013年榮獲臺灣傑出女科學家獎，並在2014年獲選為中央研究院院士，2019年獲選為世界科學院（TWAS）院士。

第一名常勝軍

從小周美吟院士的興趣十分廣泛，喜愛聆聽古典音樂，對數學也有濃厚的興趣，週末常待在臺北重慶南路的書局裡閱讀故事書。

周美吟院士於1980年畢業自國立臺灣大學物理系。

2002年，周美吟院士
在美國喬治亞理工學
院物理系任教時與她
的實驗室成員合影。

在國小時期，數學對她來說是一個輕鬆有趣的科目。到了國高中，她開始接觸更多元的理工學科，發現物理是她最喜歡的科目，因此決定進入臺灣大學物理系就讀。

　　周院士從小學習成績十分優異，這得益於她找到了適合自己的讀書方法，就是對理論充分理解，完全掌握重點，抓住學科的脈絡，並深入了解其中的觀念。如此一來，就算遇到變化題型時也能迎刃而解。此外，她還強調當學習遇到瓶頸時，必須要追根究底，深入理解其中的概念和原理。只有當自己能夠完整地闡述一個新的觀念時，才能真正內化為自己的知識。

在美國，養兒育女

　　大學畢業後，周美吟院士隨即赴美攻讀碩博士，之後留在美國教學工作，結婚後生養兩個小孩。周美吟院士分享她的育兒觀念是

周美吟院士在美國進行教學工作，並在結婚後生養兩個小孩。

比較西式、開放的，和傳統臺灣家庭的方法迥異。而這樣開明的教養精神是承襲她的母親，周美吟院士回憶她的成長過程中，母親也是讓她自由探索自身的興趣，使她保有一個相對快樂的童年。

周美吟院士認為孩子是獨立的個體，即使父母賦予孩子生命，但是孩子也應該擁有自己的思想和獨立性，而不是被家庭掌控。美國的教育環境，特別鼓勵孩子獨立思考，並擁有自己經過思考後得出的觀點。以行程規劃為例，東方父母通常會為孩子安排好每天的行程，並且強制要求孩子按部就班完成；而美國的教育則期待孩子能夠在儘早的時間內獨立思考，學會為自己負責。西方父母只在孩子有疑問時提供幫助和鼓勵，讓孩子勇於嘗試和接受錯誤，並適時放手讓孩子養成獨立性格。

一生受用的時間管理術

對於如何同時兼顧研究、家庭與教學？周美吟院士分享，她將不同種類的工作安排在一天的時間表中，並相互交錯處理。舉例來說，她處理一件工作到某個段落後，也許會先去準備其他工作，再回頭完成前一個任務。透過處理不同類型的工作，可以轉換心情，也可以作為生活的調節。

不同的生活階段會有不同的重心。當孩子還很小的時候，會花費較多的時間照顧孩子，而當孩子進入青少年階段時，她會逐漸把時間轉移到其他方面。如何在不同階段保持生活的平衡是一個終身的課題。周美吟院士表示，每個階段都是未知的道路，一路走來都是學習的過程，然後再慢慢調整成最適合自己的生活方式。

科學界的女力先驅

身為極少數的臺灣女科學家，周美吟院士認為，在科學領域中，大家所談論的學問是非常客觀的。只要在學術上具有一定的專業能力，並且能提出有依據的觀點，男女皆會受到同等的對待，不會有性別差異。但她也指出，物理學界希望能有更多女性參與其中，為科學界注入不同的活力和能量。身為過來人，周院士認為，女性可能會因為他人的意見而選擇其他領域，例如

周美吟院士於2013年榮獲臺灣傑出女科學家獎。

文學、商業等，或在某些階段需要特別的鼓勵。她認為女性應該認識到自己的潛力，不要自我設限。周美吟院士也樂意分享自己的經驗，為在科學領域中的女性提供協助或諮詢。

離鄉背井的美國時光

赴美三十載，熟悉臺灣和美國學界的周美吟院士指出，美國學術界的制度與做法行之有年，自然也比較成熟順暢。如果科學家有

2016年於中央研究院原子與分子科學研究所舉行第16屆國際立體動態學研討會，期間周美吟院士與三位諾貝爾得獎者合影。（左起：臺大校長楊泮池、達德利·赫施巴赫博士（Dr. Dudley R. Herschbach）、約翰·波拉尼博士（Dr. John C. Polanyi）、李遠哲院士、周美吟院士）

想法、有衝勁，是能透過制度獲得研究資源，然後大家一起共享研究成果。

　　初到美國之時，周美吟院士也是從頭學習，打好基礎，而後站穩腳步，發想題目，做出成果。她回憶起在美國學界的日子，從一開始學習從事科學研究的態度，到如何選擇研究題目，如何把題目做到盡善盡美，以及最後如何簡潔清晰地闡述自己的研究結果。雖然過程辛苦，但回首看來，周美吟院士表示自己受益匪淺。

個性影響研究方向

　　進入物理系以後，周美吟院士對各種物理科目都蠻有興趣的，直到研究所時，需要選定方向，才決定往凝聚態理論發展。周美吟院士說，因為過去在臺灣念大學時，對實驗的接觸比較少，因此還是選擇了做理論。

　　周院士認為，從個人發展的角度來看，研究所時期是最主要的分水嶺之一，因為必須選擇專攻的領域和未來的指導教授，在選擇論文題目時也通常需要考慮指導教授及其團隊的意見。而當獲得博士學位後，開始獨立進行研究，此時個人選擇研究題目就變得更加重要，這通常與每個人的喜好、性格有關。

　　「在我們這領域裡頭，每個人的選題會顯現出一些個性。」周美吟院士表示，

　　研究選題大致可以分成幾種：一種是延續原有方向，需要進一步推進和發展。這種類型的研究通常能夠得到結果，而我們也會思考，是否能夠能將新成果應用到其他領域。另外一種則需要較長時間的評估，去發展一個新方向。這就像是等待食物發酵一樣，需要觀察是否往對的方向發展，決定是否繼續。這種研究需要注意多個面向，也可能需要適時地調整研究題目的方向。

　　周美吟院士提到她個人比較喜歡需要花時間和心思的題目，不過她也會衡量一下自身有多少精力與時間。透過觀察選題，就能看出這個領域的科學家擁有什麼樣的風格。

科學教育何去何從

周美吟院士認為，科學教育是一個龐大且複雜的體制，並非三言兩語就能簡短概括的。她也肯定已有許多優秀的教育界、科學界的人士，投注心力在科學教育的推展，大家都期待能為臺灣科學領域中的種子，找尋更肥沃的土地。此外，政府每年都會有一些科技與政策制定的會議。周院士期待教育體系能有一個較長期、完善的政策計畫，確立好走向，當眾人的目標一致時，會更有效率，也能早日見到遍地花海。

此外，周美吟院士也提到，科學教育可以依據年齡階段進行劃分，以便做更好的定位。例如，在中學階段，可以透過一些營隊或實驗來激發更多學生對科學的興趣。學術界的人力有限，不可能親自到每所高中去巡迴演講，因此最好的方法是讓教師進行進修。由於不同年齡段的教師都有自己的專業領域，大部分老師在同一所學校任教多年，儘管老師們也想學習新的觀念和教學方法，但卻很難找到適當的機會，也很難抽出時間和精力。因此，可以善用寒暑假等時間，舉辦教師的科學營隊，讓他們有機會可以不斷地進修學習，同時也能夠發現自己所在學校在科學教育方面有哪些需要進步的地方。

雖然教育部沒有硬性規定教師必須每隔幾年接受培訓一次，但周美吟院士還是期待，透過教師讓學生對科學產生興趣，並提點學生利用網路資源或教學平台，進行自我學習與探索。

如今臺灣社會中有許多基金會舉辦各種科學活動與營隊，也可以建立起管道讓學校能有機會跟活動舉辦單位接洽，活動結束後退

役的實驗器材，或捐給學校，或募集一些經費，讓教育部去改善各個中小學裡的科學實驗室。除了整頓教師教學的方法與實驗室設備，也可以請學界編制實驗手冊，讓基層教師更容易上手。

最深刻的研究成果

周美吟院士表示，一篇論文好不好，並不能完全看這篇論文的被引用次數。雖然有些論文被引用次數並不是所有論文中最高的，卻是她自認花費很多精力與創意所得出的好成果。她說：「有些花費了很多心思的研究工作，承載了許多自己的『新想法』於其中，也是自己認為比較特殊的成果，然而還需要再經過一番努力，找到正確的詮釋。」或許當下其他學者還沒有完全體認精髓，但也許以後會再被人重新拾起。

她提到，團隊做的是基礎科學的研究，這些成果並不一定會馬上影響到社會大眾，也可能提出的理論最後被推翻。周美吟院士表示，當科學家發現新的現象時，有時候他們也不知道這個發現是否會在未來成為一個重要的項目。在物理學界，起初也許只是一些分散的研究題材，但是最終很有可能結合成一個非常強大的新領域。

例如，雷射在一開始只是一個很單純的兩個能階之間能量互換的現象，但是後來發現，這套過程能有非常多樣的應用與變化，製造出雷射之後，也為許多領域帶來顛覆性的改革。

還有其他有趣的例子與此類似。例如，科學家們一直在探索如何充分了解電子之間的交互作用對材料性質的影響，並提出了各種方法來解決這個問題。這些研究至今仍有不少後續的追蹤和發展，

2015年周美吟院士出席第一屆國際數理科奧林匹亞發展研究會並擔
任演講嘉賓。

當初幾篇有決定性的創始論文，在學界中被引用的次數也是最多
的。

　　周美吟院士表示，在材料實驗中常常會觀察到一些不尋常的現
象，從事研究的合作者之間會互相知曉彼此的實驗、理論進展，會
一起討論、想一些推論與解釋，齊心協力把一項新的發現以科學的
方法表示出來。她回憶，大家一起合作是蠻不錯的體驗，也會在過
程中學習到其他領域的經驗與技能。在理論跟實驗之間，大家互通
有無，一起把物理學推向更高更遠的境界。

給臺灣學子的諄諄期勉

　　「學生應該要對研究所學習有興趣，不是只因為父母希望你獲

得碩士學位，就去攻讀研究所。」周美吟院士分享她在美國遇到的研究生都很積極主動，因為讀研究所與否是個人的選擇。若是不想繼續升學，他們也能找到適合自己的職業道路。根據她的經驗，沒有讀研究所的學生後來收入也未必會輸給讀過研究所的學生。

　　她表示，在臺灣社會中，人們普遍認為受教育程度越高越好，所以希望孩子能夠取得更高的學位。然而，這種觀念導致許多臺灣研究生對於研究缺乏熱情，只是為了完成實驗、寫出論文、拿到畢業證書，而不是為了追求學術上的成就。周美吟院士鼓勵學子，在投入任何事情之前都要有明確的動機，確定是否攻讀研究所是目前最想做的事情。這樣一來，在研究過程中會更有動力和參與感。

　　此外，學子們還需了解自己的才能和性格，尋找一個自己有興趣、能夠容易取得結果，且願意堅持下去的領域。由於每個人的性格、能力都不同，因此需要好好探索自己的內心，找到適合自己的方向。

　　周美吟院士說，如果對科學很有興趣，那她認為這是非常幸運的事。因為進行科學研究時，你所做的是一件自己感覺有熱情的事情，每天都會面對不同的挑戰，去觀察並歸納實驗中的細節。在解決問題的過程中，你又會發展出新的方法、新的理論、新的模型和新的實驗技術。

　　周美吟院士笑著說，如果每天都能夠做自己最喜愛的事，並且還有人付薪水給你，這會是一件非常幸福的事。她補充說，當然在工作過程中，並不會一帆風順，也一定會遇到挫折和困難，但是天生我材必有用，每個人都有獨特的使命和能力，只要找到了目標，就應該全力以赴把事情做好。

她提到自己希望大家能夠更關注科學發展，因為這對全人類都有好處。如今高科技對整個社會和國家在國際競爭上都非常重要，甚至提升到國際戰略的層次。人類社會不斷地向前發展，物理研究也是不可或缺的。周美吟院士說，她真心希望能有更多的年輕人對科學產生興趣，但她不是指唯一的選擇就是科學。她也提到，從事科學研究的人需要懂得許多人文、社會科學領域的知識，她鼓勵學子發揮各自所長，因為社會上也需要有對文化、人文或社會科學感興趣的人。只有科學與人文並重的社會才能走得更快、更長久。

高等教育所面臨的危機

少子化是目前臺灣高等教育的危機之一。這是整個國家，甚至全球都必須正視的議題，短期內解決不易，因此整個高等教育的體系需要有一些應變措施。周美吟院士認為，教育部應該也已經在籌備更周詳的計畫，而各領域的專家學者有同樣的結論，就是臺灣大專院校供需失衡，很多學校會有招不到學生的情形。然而危機也是轉機，現在需要進行轉型，針對少子化的結構，做必要的調整，以因應這個特殊的國際趨勢。

在一般高等教育上，周院士認為，臺灣已經比過去進步太多了，教育上的活潑性與彈性都大幅提升，也一改過去填鴨式的教學方式。這個改變也讓現今的學生可以自由地探索自我，發展自身潛能，除了主修科目之外，也有其他的可能涉獵，周美吟院士十分樂見這些進步。她提到大學教育其實是對個人更獨立的訓練，能夠讓學生掌握自我學習的方法與持續成長的重要性，進而接觸到更深

2016年，周美吟院士在國立臺灣大學物理系任教時與她的實驗室成員合影。

入、更廣泛的知識領域。周美吟院士也期望能在學習態度的訓練方面下更多的功夫，除了解決少子化的問題外，提升莘莘學子們的學習態度也是一個重要的努力方向，並挹注更多資源，讓教師們擁有更多彈性。

創造成功之路的鑰匙

在目前臺灣的教育環境裡，大部分的老師、家長，甚至同學最在意的還是考試成績。然而，考試並不是萬能的，只是一種檢驗學生了解新知識的客觀方法。可惜的是，在我們的教育系統裡，考試並無法真正檢視出學生的創造力。

創造力是一種非常重要的能力，對下一代的發展至關重要。然而，在學校的考試中，所有題目都是有解的，當學生一旦離開學校，在職場、在生活上遇到的問題通常都沒有標準答案。如何在學

2012年，周院士與子女合照。

校內，培養出有創造力的孩子，是一個極具挑戰性的課題。周美吟
院士希望各界能讓孩子們自由自在地發展，每個人或多或少都會有
一些創造力，讓創造力自然而然地流露出來，即是一個好的方式。

　　臺灣的教育制度重視學生的記憶能力，只要學生很會強記答
案，大約就能考出好成績。許多臺灣學子還為了應付考試而補習，
反覆練習，但真正能考得好的學生，通常還需具有好的理解能力和
計算能力。如何去領導一個團隊或提出一個計畫，在各方面都需要
很高的創造力，例如能預先想到別人想不到的事情，或提出全新的
想法。只有這樣才有資格當一個領導組長，帶領團隊一起進步。

　　創造力是一個不容易在課堂上培養的能力，因為沒有專門的課

程教授。周美吟院士回憶，以前臺灣的教育方式是一種「一言堂」的模式，上課的時候要規規矩矩地坐好，手要放好，不能亂動，老師的話是絕對權威，全班同學都要遵循。這就好比工廠生產的產品，都具有統一的規格。孩子們在小時候比較容易被控制，可是這種嚴格管控的教育方式，會引起一些個性強烈的孩子的反感和對抗。這些比較不「循規蹈矩」的學生，往往會有獨特的發展潛力，這也是我們社會需要的多樣性。

　　周美吟院士勉勵學子們在不同階段，要盡可能地思考自己有什麼想法是跟老師、同學不一樣的，或是能夠引進一些新的想法，不需要害怕與眾不同。她認為，有創造力的孩子將來的發展一定是非常獨特的。

（訪：許睿芯、邱舒妍／文：詹椀婷）

努力，以及1%的幸運
海嘯研究專家

劉立方院士

劉立方院士

簡 歷

● 訪談時任職
　新加坡國立大學土木與環境工程系特聘教授
　國立中山大學榮譽講座教授
　國立成功大學客座特聘講座

● 當選院士屆數
　第31屆（2016年，工程科學組）

● 學歷
　美國麻省理工學院Ph.D. Hydrodynamics博士（1974）
　美國麻省理工學院土木工程研究所碩士（1971）
　國立台灣大學土木工程學系學士（1968）

● 經歷
　康乃爾大學土木與環境工程學系助理教授（1974-1979）、
　　副教授（1979-1983）、終生教授（1983起）、
　　副系主任（1985-1986）、系主任（2009-2015）、
　　工學院副院長（1986-1987）
　國立中央大學李國鼎講座教授（2007-迄今)
　新加坡國立大學研究與科技副校長（2015-2019)

● 研究專長
　海岸與海洋工程學，專攻海水波動理論、海嘯動力學、碎波過程、泥沙
　輸送過程、波浪與結構物相互作用等

● 重要成就、榮譽
　國科會講座教授（2008）

Endowed Chair Professorship (Class of 1912 Professor of Engineering),
Cornell University (2008)

宏博研究獎（2009）

美國土木工程師學會傑出會員（2013）

國立臺灣大學土木系傑出校友（2014）

Member, Chi Epsilon Honor Society, Cornell University (2014)

Outstanding paper award from the Journal of Waterway, Port, Coastal and
Ocean Engineering, ASCE (2014)

美國國家工程學院院士（2015）

Albert Nelson Marquis Lifetime Achievement Award. The Marquis WHO'S
WHO Publication Board (2017)

International Award for Enhancement of Tsunami/Coastal Disaster Resilience
(2017)

教育部玉山學者（2021）

臺大傑出校友獎（2021）

海大海洋貢獻獎（2022）

劉立方院士於2021年11月23日接受採訪。

「這東西你說是雜音（noise）也好，或是障礙（obstacle）也好，我想這算不算是瓶頸，就算是，但是都要克服，不要放棄。最重要的是不要放棄，其次是擁有真正志同道合的人，最末是自身也必須要有一定的實力和作為。並不是一路都會很順遂，不計較、不埋怨、不停止，才能成功。」

　　劉立方院士於臺大土木工程學系取得學士學位，畢業後赴美至麻省理工學院土木研究所深造，並於此取得了碩士及博士學位。主要鑽研海水波動理論、海嘯動力學等，現擔任新加坡國立大學土木與環境工程系特聘教授、康乃爾大學1912級榮譽講座教授、國立中央大學李國鼎講座教授、中國清華大學名譽教授、國立中山大學榮譽講座教授、國立成功大學客座特聘講座教授（玉山學者）及中央研究院院士，曾獲多個工程類獎項的肯定，其在美國康乃爾大學與團隊研製的海嘯數值模式COMCOT更是被多國採用，用於模擬海嘯的產生、傳播和淹水的全過程。

誤打誤撞的求學之路

　　「老實講，高中生十七、八歲，十八、九歲了不起，根本還不確定自己喜歡什麼東西。」1960、1970年代的聯考與現在的學測不太一樣，沒有分次考試也沒有面試環節，考完後直接根據填寫的志願分發至各個大學。不是每個學生都是在確定自己的理想後填寫志願的，更多的是懵懂的照著想像或是父母的期待依樣畫葫蘆罷了，劉立方院士也是。在尚未釐清自己到底喜歡什麼的階段，劉院士本

劉立方院士（左
一）在臺北師大附
中就讀高中時與同
學合影。

劉立方院士麻省理
工學院土木研究所
深造時與同學合
影。

來想去某所學校的文學院就讀，結果被父親質疑「你唸這出來要怎麼找工作？」第一志願就此這麼改為了工學院。

　　進入工學院土木系的劉院士慢慢在課程中發現自己更加喜歡數學，性格上似乎也不怎麼適合進入工商界，於是在大三大四修盡了研究所課程後，決定出國攻讀他更喜愛的應用數學。彼時電腦尚未普及，想要了解國外研究所的系所乃至申請管道等都需要到美國駐臺大使館的圖書館翻閱紙本文件，但他翻閱後發現有關應用數學的資料很少，目標的麻省理工學院也沒有應用數學系，反而在土木系中看到了「流體力學」這個分支是自己感興趣也與數學高度相關，於是最終選擇了麻省理工學院的土木研究所。

　　劉院士在研究所所做的大多數專案是在研究風浪。它與海嘯不同，由於海波有不同的尺度，風浪波高高，但波長相對小，海嘯則是源於地震，因此波長更長。會轉為開始研究海嘯也是來自於機緣巧合，1964至1968年間，美國發生了幾次損傷慘重的大型海嘯，使得美國政府開始注重海嘯這部分，國科會也著手辦了討論會，這個時間段同時也是劉立方院士攻讀研究所時期，加上他對從理論到應用的興趣並認為能對社會產生直接貢獻，因此參與了討論會，進入了海嘯相關部門的研究。

　　從文學院到了土木系，再於土木系中愛上數學，又因緣際會喜歡上了流體力學，研究波浪後再次因為意外開啟了研究海嘯的旅程，「一波三折」似乎恰好形容了院士這一路的經歷，人生的旅途中沒有一段路是彎路，都是要抵達自己心中的目的地前必走不可的路。

葉超雄教授（前中）是開啟劉立方院士對應用數學興趣的導師，左方是
當時任教流體力學的盧衍祺教授。

做學、做人與做事

在求學過程中，劉立方院士和我們分享了兩位印象深刻的老
師，一個是在他大二大三時出現的老師——葉超雄老師。院士就讀
大學時，學校裡更多的是老一輩的老師們，實務經驗豐富，不過對
於新知的瞭解則較為缺乏，同時選課機會少，所有的課程安排得十
分緊湊嚴密，只有一兩堂可以自由選課的機會，學生也較少有想
要瞭解本科外知識的觀念。然而劉院士與幾位同班同學們膽子特別
大，抱著求知的慾望與好奇的心，就這麼多選了幾堂不在課表內的
課程，並同時碰上了學校應聘一批新進的老師，劉立方院士在此碰
到了第一位令他難忘的老師——葉超雄教授。葉老師教授的科目是
工程數學，可能是年紀差距相對差不多，也可能是因為葉老師不時

劉立方院士（右一）與指導教授梅強中教授（左一）合影。

邀請學生到家裡閒聊、吃東西，打破了院士作為學生應該對老師畢
恭畢敬的印象，也是這位老師，開啟了劉立方院士對應用數學的好
奇心。

　　另一位分享的老師是劉院士在研究所時的指導教授梅強中，在
梅老師的身邊，他學到了什麼是真正的研究，研究工作如何進行、
需要注意的地方。另外，與大學時碰到的葉超雄老師相同的是，梅
老師也對學生十分親切照顧，在美國的新年、感恩節等等特別的節
日，都會邀請學生來自己家裡團聚吃飯，聯繫了不只老師與學生，
也是學生彼此間的感情。

　　如同吸收知識的重要，在做人做事上有所成長也是劉立方院士
認為在兩位恩師身上學到最多的地方，他停頓了一下說：「有時候
想想，做學問的態度其實跟做人、做事的態度應該都有連結的關

係，無形之中（老師）對我來說，在對別人和對學生的作法上都有
所影響。」

毫無用處的水槽？

被問到求學時是否遇到過任何挫折，劉院士呵呵笑著說自己是
個會把煩心事都忘掉的人，有什麼不順利的事情發生過自己似乎也
都不記得了，謙虛的表示自己或許是運氣好，這一路走來並沒有遇
過太大的瓶頸與挫折。

比較印象深刻的是當時在美國國科會中一位全心推動海嘯研究
小組成立的計畫管理者。海嘯在當時的美國實為一冷門議題，雖然
海嘯剛起，但眾人不免會懷疑是否有長久研究的必要性？雖然海嘯
發生的機會不高，一發生就會產生重大災害，因此這位計畫管理者
獨排眾議，堅定認為需要成立一個長期的研究小組，專門研究海
嘯。但由於是個冷門課題，做的人少，政府支持也較不積極，因此
補助資金和引用都相對較少，對於研究的進行有很大的阻撓。

研究海嘯需要的不單單只是理論基礎，也需要有儀器、機器操
作來驗證假設，因此除了大型實驗室必不可少，設備當然也有要
求，常有人質疑：「給你們花錢做那麼大一個水槽，又沒幾個人在
用。」這些都是龐大的支出，所以必須說服資金援助者和老闆們，
而這些都是那位計畫管理者努力地去說服，去承擔。

「這東西你說是雜音（noise）也好，或是障礙（obstacle）也
好，我想這算不算是瓶頸，就算是，但是都要克服，不要放棄。」
劉立方院士說在克服這些問題時，最重要的是不要放棄，其次是擁

劉立方院士（左）、George Carrier（中）及 Costas Synolakis
（右）合影，三位都是在海嘯研究上有重大貢獻的學者。

有真正志同道合的人，最末是自身也必須要有一定的實力和作為。
「並不是一路都會很順遂。」他說，不計較、不埋怨、不停止，才
能成功。

從福島核災看臺灣

2011年3月11號在日本東北方近海發生了規模9.0的大地震，隨
之而來的是由地震引發的海嘯席捲了日本多處，其中一處為福島第
一核電站所在地，繼而造成大量放射性物質洩漏，損傷慘重。

劉立方院士說明，由於應急電力系統放置失當，抽水機過早被
海水淹沒，導致無法抽取海水將反應爐冷卻，冷水系統被破壞，這
才使得反應爐爆炸。但其實這次海嘯發生的地點和強度都超乎學者
們意料，原先大家最擔心的是東京外海，也就是歐亞板塊、菲律賓
海板塊、太平洋板塊三塊版塊的交界，三版塊連結與東京的垂直高

劉立方院士（右一）在2004年印度洋發生大地震及海嘯後，向美國國科會提出前往斯里蘭卡實地考測，這次考察對改善海嘯模擬有很大的幫助。

度僅300公里，沒想到先出現地震的反而是關注較少的東北方逆板塊擠壓結果。

　　作為同樣處於地震帶上的臺灣，與日本的相似處極多，同為島國、腹地狹小、大多數核電廠蓋於海邊，根據劉院士所說，兩地的房屋防震結構其實也是極好的，根據日本災後的調查，大多海嘯後的房子並非被沖「倒」而是沖移，表示房屋本體的防震構造是良好的，並沒有因為強烈的地震毀損倒塌，而院士業界的朋友在一線工作多年，也表示臺灣的防震措施也做得相當好，不需要太過擔心。

核能發電是民生議題

　　而近幾年核能發電的議題在臺灣被炒得沸沸揚揚，各派說法眾口不一，是不是要用核能發電，這東西就不容易談，要看整個國家

的能源政策、未來發展是如何，這需要全盤的考慮。常被與核能一起討論的是綠能，大家都知道要綠能，但在臺灣這個環境，短期內完全取代煤、石油的發電方式是很困難的。就綠能中的太陽能發展來說，太陽能發電對土地需求大，臺灣還有土地，但很多都是山坡或農業地。風能發展來說，風是有風，可是風不穩定，有時冬天東北風吹得很強，有時又沒風或受颱風風速太大而影響風機運轉。供給的穩定度並不是很高，比煤氣或是石油差了很多，在量上面也不能滿足臺灣的需求。

　　臺灣電力使用有大約60%為工業用電，高精密儀器要求非常穩定地用電，要是發生無預期停機，儀器重開、多需重新測試，不只麻煩也容易產生問題，所以是不是綠能可以很快完全取代，直覺上來說是不太可能的。核能發電效率高，供電規模大且穩定，但核能發電是個複雜的議題，假如從環境污染來講的話，核能就某些層面而言是比較乾淨的，當然還是有廢料的處理問題。如英文所說 "No free lunch"，沒有完全是沒有代價的。如何在這種情況之下得到一個合理的平衡外，百姓也應該在這方面的相關知識有了解才行。百姓常常希望生活好，生活水平要好之外，也想要空氣乾淨少污染，可是這是有衝突的。一般百姓多專注在過好生活的民生經濟層面，其他有衝突的部份是不會想得這麼清楚的，所以這該怎麼做，不單是社會問題，更是民生問題。不論是那種選擇，劉院士認為都應把事情攤開來講清楚，百姓如何合理的生活下去。如果要這樣，又不願放棄任何一部分，是不可能的事。在觀念上全民教育及社會教育是非常重要的。

全球暖化應對

　　暖化是一個全球危機，同時也是一個很大的問題，劉立方院士說我們可以從小地方做起，「應該要了解我們的生活裡有些小事情，事實上可以有些正面的影響。」講到全球暖化，大家應該很快就能想到－節能減碳，方法有很多，隨手關燈、更換省電燈泡、少用塑膠袋、不要浪費食物，並不一定得是一項大活動才能夠節能減碳。「老實講，有時候我自己也會忘掉，很像這些都是理所當然。」把這些細微的舉動落實到生活中的每一處，說難不難，說簡單不簡單，但若是能確實做到，對地球也是有所幫助的。

　　然而除了這些舉手之勞外，還需要思考一些事情——為什麼會走到今天這一步呢？院士認為人們想要的太多了，就如探討核電議題時常被人們所忽略的一個事實——經濟發展與環境保育目前無法兼得一樣，生活水準的進步，必定伴隨著我們剝奪了地球原先所擁有的某樣事物，也就是對環境的破壞。「因為老百姓常常說：『我要生活好。』。但是他又覺得生活好要包括空氣要乾淨，但這是有衝突的。」劉院士希望大家思考想怎樣合理的生活下去，或許是省吃儉用、粗茶淡飯和一個完整的、乾淨的生態環境，也可以是養尊處優、便利優渥和一個有雜質、受汙染的居住地，優質的生活和乾淨的空氣，是需要有所取捨，無法兩全其美。

新加坡食水議題

　　由於劉立方院士旅居新加坡多年，對新加坡有一定的了解，他

劉立方院士（右一）
與指導教授梅強中教
授（中）及其伉儷於
2009年OMAE國際會
議上的合照。

表示新加坡與臺灣同為地形較小的臨海國家，不過由於受海嘯影響
低，海嘯類研究較少。新加坡比起我國更為小，可利用土地面積不
大，因此大多數資源皆為進口，例如水、食物及能源，全國經濟最
開始時主要來自於海港，由於新加坡位於海域樞紐，貨櫃常於此轉
送，也因此新加坡在海邊蓋了許多煉油廠，提煉從別國買來的原油
賣給船商。

　　近幾年由於covid-19肆虐，各國間的交流變得緊張且縮減，貨
物轉運困難，水和食物問題變得尤為重要，新加坡也因此制定了多
項政策，其中包含希望在二十年內生產國內30%人用蔬菜量。政策
落實於模仿了以色列的滴灌技術，以及垂直農法，並要求屋頂須
種植農作或是存放太陽能板。另外水的部分則是已經落實了二、
三十年，有在推動可飲用的回收水和再生水，「但我還沒喝過就是
了。」院士笑著說。新加坡也有建造地下水庫和海邊的淡水水庫，

這些臺灣或許也可以作為參考。

除了基於食物和水的國安問題，地球升溫導致的海水位上升也是一難題。新加坡有1/3的土地是填出來的，所以位置非常低，與水平面非常接近，大概海堤平均只有2.5米，所以假如將來海水水位上升一米多，土地可能會有嚴重淹水的問題。

終身學習政策

除了對於食物和水的創造，新加坡也在教育方面進行了許多項政策，其中一項便是終身學習。

根據經濟合作發展組織（OECD）推估，在未來15至20年間將會有約14%的工作因技術自動化而消失，這些人的工作將被自動化設備所取代，面對變局，是必須要擁有學會新技能的能力，才足以因應快速變換的社會。預見到全民學習重要性的未來，新加坡於2016年成立未來經濟委員會，制定了能面對下個十年挑戰的三大主要經濟戰略，其中就包含了「協助新加坡人民取得和運用精深技能，在未來經濟獲得優質工作和機會。」基於此，新加坡當局也開始推動相關措施，例如：協助技術學校繼續開辦，推動產業認可技職教育所辦理的課程等，另外，也期待提高成人教育者能力。

政府會與大學協調並創辦部門，讓失業或是期望轉職的校友回到原校學習新知，而政府補助這些教育學費，基本的課程內不需要額外再花錢。當然，院士也提到，這種再教育對一般的大學生和老師而言有優點也有缺點，優點即為由於再學習的成人已經有職場經驗，提出來的問題可能更具體或是超乎學生所能想像的範疇，對教

育內容而言更加充足，缺點則是以授課老師的角度，老師可能是研究背景出身，知識充足但較缺乏實務經驗，導致難以處理此類問題，也就需要花費更多時間理解產業與備課。

再學習的好處除了降低可能的失業率，實際上也是增加民眾知識的廣度，不只是為了將來更容易找到工作，也可以是在工作後因為發現自己對某種領域感興趣，而決定重回校園追尋愛好。

學生時代的友誼

大家總說要好好珍惜學生時代的友情，因為讀書時所相識的往往都是最純真、沒有任何雜質的一群人，出社會後交往的人常伴著利益糾葛，相處的時間又通常短暫，利益矛盾的最難以化解，了解不深也無法交心。

劉立方院士對學生時代朋友的看法也是如此：「大學裡面我想除了唸書以外，能夠認識一些朋友，真正的朋友，是非常重要的！」他大學時喜歡運動，常常到學校的運動場打籃球，也因此在球場結緣了不少氣味相投的朋友，即使到了現在彼此也都還會連絡，偶爾一起吃個飯聊會天。「多少年之後沒有見面，大家偶爾見一次面，那種感覺很不一樣，有點很奇妙的感覺。」他笑著說，這些朋友是經過時間一點一滴累積，彼此對對方都有更深的瞭解，所以才成為了要好的朋友。出社會後的友情要發展與經營變得更困難，院士說雖然工作後也會有朋友，但大多能夠認識都是基於事業而產生交集，偶爾有幾個能發展成足以交往，更大多數的人僅止步於同事的狀態，事業上交流的關係了。

2022年11月，劉立方院士獲海大頒發第十屆海洋貢獻獎。

主動思考，而非被動等待

　　基於在各個國家遊歷、教學的經驗，我們詢問了劉立方院士國內外教育現場與研究資源的差異性，院士提到了學習方式、作業模式，以及「懷疑」——學生是否願意去懷疑。

　　比起60、70年代的臺灣教育現場，當時教授們大多實務經驗充足而缺少研究經驗，現在的老師們似乎相反，更傾向研究量大但缺乏實務經驗，這可能使得學習內容和未來出社會後難以銜接或是感到不適應。不過院士也有提到，現在大學內也有越來越多專題課程，讓學生能有更多動手做的經驗。而美國大學很早就開始學習與工作結合的案例，例如在康大，常常會請在第一現場工作的人來學

校當顧問，聘請這些有實務經驗的老師向學生傳達可用的知識，以他們的角度傳授或解答疑問。另外國外也很早就開始讓學生著手專題類型的實作課程，目的就是希望除了潛心研究外，學生們還能更好接軌未來工作。專題實作不只能夠達到獲取經驗這個目的，更多也是在培養學生溝通、合作、調節等等團隊合作的能立即發現問題並解決的方法。

此外，劉院士也提到他認為最重要的東西方教育的不同，便是是否教導學生懂得懷疑。「亞洲的學生，尤其中國、韓國、臺灣，表面上尊師重道，講好聽是很好，但是有的時候做得太過份，帶到研究態度上的話，尊師重道就變成不敢自己發表自己的意見，而且看到一些文獻的話，就相信文獻是對的，不會發問題。」做學問時思考是很重要的步驟，懷疑的目的就是比起盲目聽從高位者的言論，更應該適時反駁或問「為什麼」，只有通過思考進入大腦的知識，才算是真正為己所用。

成功有時候需要機遇，劉立方院士說，沒有成功不一定代表一個人不夠努力，當已經耗盡自己100%的努力時，或許是因為缺乏運氣。院士謙虛地把自己的成功歸因於三點：幾分努力，感謝不放棄的自己；一分天分，感謝父母的基因；一分機緣，感謝一些巧合帶來的果實。不過，很重要的是，成功與否不在於他人，每個人的人生都有屬於自己的成功的道路，發自內心因為「自己」而感到高興，那才是成功的定義。「我不能否認外界的認同也會帶來一些瞬間或一時的喜悅和滿足，但是那不是很長久的，你回家以後還是要面對自己，真的快樂嗎？答案肯定才是最重要的。」

（訪：葉儀萱、盧沛岑／文：陳思萌）

大氣遙測權威
本土太空科學推手

劉兆漢院士

劉兆漢院士

簡　歷

● 訪談時任職
　中央研究院特聘講座

● 當選院士屆數
　第22屆（1998年，數理科學組）

● 學歷
　美國布朗大學電機系博士（1965）
　國立臺灣大學電機工程學系學士（1960）

● 重要經歷
　美國伊利諾大學電機與電腦工程學系助教授（1966-1970）、副教授
　（1970-1974）、教授（1974-1993）、名譽教授（1993-）
　德國馬克斯蒲郎克高層大氣研究所訪問科學家（1974）
　國際科聯日地科學委員會（SCOSTEP）科學秘書長（1981-1994）、主席
　（1994-1999）
　國立臺灣大學電機系講座教授（1981）
　國立中央大學太空及遙測研究中心講座教授（1989-1990）
　中華民國地球科學學會（CGU）理事長（1994-1996）
　中華民國氣象學會理事長（1999-2003）
　國立中央大學校長（1990-2003）
　「行政院高等教育宏觀規劃委員會」召集人（2002）
　臺灣聯合大學系統校長（2003-2006）
　中央研究院副院長（2006-2011）

● 研究專長
　電機、無線電科學、太空通訊、太陽地球物理學

● 重要成就、榮譽
　IEEE-APS特別成就獎（1968）
　國際電機及電子工程學會會士（1981）
　美國布朗大學工學院傑出校友獎（1997）
　中央研究院院士（1998）
　SCOSTEP 終身成就獎（2001）
　發展中世界科學院（TWAS）院士（2004）
　國立臺灣大學傑出校友（2009）
　美國國家工程學院院士（2012）
　美國布朗大學 Horace Mann Medal（2012）

劉兆漢院士於2021年11月24日接受採訪。

「我長久以來一直都對中大的學生說，就是『有容乃大』。因為我對我做的事情有自信，我能夠執著、可以容納別人，有自信的人才能夠容納別人，能夠接受、聽別人的意見，用這樣子的心態去跟別人合作、跟別人一起為一件事情共同去努力，這樣子成功的可能性就很大。因為你可以容忍不同的意見，雖然你不見得要同意他的意見，但是你願意去聽；而有的時候其實不同的意見，剛好就彌補了自己的缺陷。」

劉兆漢院士出生於中國廣西柳州，除了是美國國家工程學院外藉院士、中央研究院院士、國際電機電子工程學會會士（IEEE Fellow）之外，也曾任國立中央大學校長、臺灣聯合大學系統校長、國際科聯日地科學委員會科學秘書長與主席。而更為人津津樂道的是，他是臺灣太空計畫「福爾摩沙三號衛星（FORMOSAT-3/COSMIC）」的開發者。

全球第一個氣象衛星星系

福爾摩沙三號衛星（簡稱福衛三號）是全球第一個應用GPS掩星技術的氣象衛星星系，也是臺美雙邊國際合作計畫之一，於臺灣時間2006年4月15日，在美國加州范登堡空軍基地搭乘美樂達（Minotaur）1號火箭升空。福衛三號的關鍵技術，就來自於劉兆漢院士的「電離層斷層掃描技術」及參與開發並推動的「GPS無線電波掩星技術」。由於劉院士的研究領域為「無線電科技與大氣探測」，再加上有電機工程的背景，使得他在開發福衛三號時，能運

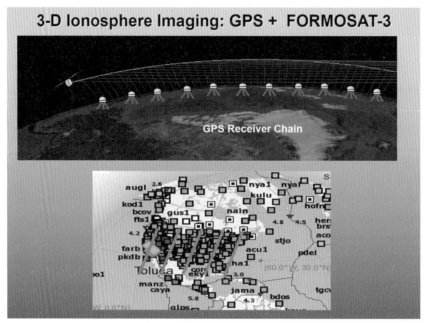

福爾摩沙三號衛星（簡稱福衛三號）是全球第一個氣象衛星星系，更被譽為是太空中最精準的溫度計。

用多種不同的技術，並且將現有的觀測手段加以改良，來實現更好的觀測效果。

　　「福衛三號被譽為是太空中最精準的溫度計。」劉兆漢院士語氣中帶有一些自豪的說道。它能夠從地表的2公里處，一直到600多公里的高度接收到訊號，透過這些訊號，在這個範圍中溫度、濕度、大氣壓力，以及電離層的電子密度通通會轉化為福衛三號的資料。因此，我們只要分析福衛三號所得到的資料，就能夠反推回某個高度中溫度、濕度、大氣壓力等等的數據。

　　福衛三號在全盛時期創下相當輝煌的紀錄，獲得頂尖期刊《自然》、《科學》及大氣科學、工程領域期刊諸多報導，也讓臺灣成

為世界少數幾個氣象資料輸出國。

跨領域的通才

「其實我小學最喜歡的科目是國文。」劉兆漢院士笑著說道：「大家都以為我只喜歡數學，等到國中我又開始喜歡上了英文，而且更讓大家想不到的是，我還對歷史很有興趣。」

「到了要上大學的時候，我發現我還是比較喜歡數學跟物理，所以最後去了電機系；當時的我對於電磁波特別有興趣，也沒有什麼特殊的原因，就是讀的時候覺得『天啊！怎麼會這麼有趣！』所以就很清楚自己到底喜歡什麼。」

大學時期的劉兆漢院士除了電機系本科的課業之外，還選修了不少理學院的課，甚至在閒暇之餘，還會去文學院旁聽。「像電機系的課跟數學、物理都非常有關係，很難去詳細的劃分誰屬於誰的領域，所以這些課都還算是在同一個大方向；可是像文學院的課就跟電機系差非常的多，雖然我對這些課也很有興趣，但我就只能旁聽了，因為不這樣我就要去考試了。」說到這裡他也忍不住笑了起來，顯然無論是哪個時代，讓學生最害怕的東西果然還是考試。

後來劉兆漢院士到了美國的布朗大學就讀研究所，因為當時學校沒有電機系，所以反而讓他有機會學習到理學院其他領域的課程；這讓他學到了相當扎實而且廣泛的科學知識，也奠定了他未來得以在太空領域有良好發展的基礎。

「很多人會問我說，為什麼我可以了解這麼多領域的知識。但首先我想要先說明，在單個領域上比我專精的人實在是太多了。」

他用慎重的語氣說道：「我所走的路叫做『廣泛』，因為我喜歡的東西真的很多，所以對我來說好處就是比較容易學習新領域的知識；壞處就是在單個領域上，很有可能都沒有學好。」劉兆漢院士在描述這段話時態度非常的謙虛，在大家眼裡他在各個領域都已經是非常精通了，但他卻不會因此而感到自滿，反而將這些成就歸功於他老師的教導。

「我在大學以前念的是實驗班，當時的國文老師-也就是我們的班導教會我們一個概念，那就是『凡事都需要全力以赴』。這句話影響我非常深遠，我的同學們也都這樣覺得；所以之後我們把這句話當作行為的標準，一直到現在都還堅持要這樣做事。」

驚心動魄的太空競賽

「當我要去美國讀研究所的時候，世界上發生了一件不得了的大事。」劉兆漢院士刻意放慢了語速緩緩地說道：「那就是蘇聯（蘇維埃社會主義共和國聯盟，簡稱蘇聯）成功發射了人類歷史上的第一顆衛星，把當時的美國白宮幕僚們嚇得半死。」那個年代剛好在美國與蘇聯的冷戰時期，成功發射人造衛星也意味著蘇聯有能力把「任何一枚飛彈」發射到太空，這代表長期處於世界霸權地位的美國第一次在本土感受到了威脅。

於是，感受到了威脅的美國，召集了當時全美國所有的學術單位，包含政府在內，開始大力發展太空科學。在這種舉國齊心協力、投入大量金錢與資源的情況下，整個學術研究的積極性就被調動了起來，更是造就了日後各所研究型大學的基礎。

　　「太空這個領域是全新的，它包含的有電機工程、航空工程、機械工程；它也包含了物理、化學、天文都在裡面，所以是一個非常新、同時又包含非常廣泛的領域。」劉兆漢院士說道，1965年從布朗大學讀完博士畢業之後，他正思考著未來要研究的方向，首就先將目光瞄準了太空科學。

　　「我當時考慮到兩個部分。第一個，這個領域是一門全新的科學，有非常多的方向可以去研究，再加上太空有很大一部分都跟電機有關，所以選擇這個領域我的機會就會很多；第二個，其實理由非常簡單，因為它是一個全新的領域，所以我當然就有興趣啊！」劉兆漢院士笑著說道，所以之後他就進入了美國伊利諾大學電機系，在美國國家航空暨太空總署（NASA）提供的經費支持下，利用當時最先進的科技-人造衛星上面承載的科學儀器所觀測及蒐集的第一手資料展開了高層大氣、電離層相關的研究。

　　劉兆漢院士在描述這段求學經歷時，雖然語氣依舊溫和平淡，但從內容當中可以聽出來當時的過程有多麼驚心動魄；美國與蘇聯兩個大國之間的科技競賽就如同一場沒有硝煙的戰爭，背後藏著各種不為人知的角逐競速與刀光劍影。在互相競爭世界霸主的地位時，也加速了全世界科技的發展。

臺灣自己的太空計畫

　　在經過多年的太空研究之後，劉兆漢院士深刻體會到太空科學是一門極為重要的學問；又因為這是屬於國際性的科學範疇，換而言之就是想要做成績，就必須要加入國際相關的研究活動，所以他

甘迺迪太空中
心華衛一號發
射控制台現場
留影。

積極地參與國際性的大型日地物理研究計畫,包括在1980年代國際
非常有名的國際中層大氣計畫。

　　「當時我在那個計劃裡面負責它的規劃、推動,而整個計畫中
最重要、最需要的工具就是新型的雷達,那時候全世界有特高頻雷
達(Very-high-frequency Radar)的地方不多,美國、德國有,日本
剛剛開始。我當時就在想,這是一個好機會,讓我們的第一個計畫
的起步,跟大家一樣。」劉兆漢院士如此的說道。

　　劉兆漢院士表示,這個新的計畫裡面,需要的工具並不是那麼
昂貴,大部分都是臺灣有機會可以做得到的。在這種情形之下,他
遂然提議要在中壢造一個特高頻雷達,只要造成功了以後,臺灣在
整個東南亞區域裡面,便一躍成全世界最先擁有的,幾乎馬上就可
以跟全世界研究最新課題的國家跟科學家平起平坐,這就是當初為
什麼他無比希望在臺灣建這個雷達。

　　剛好當時中央大學的環境、校長、教授都願意一起參加，所以他爭取到經費，最後成功蓋好了這個雷達。這個雷達當時是東南亞區域裡面，唯一的比較有固定的學生跟科學家在做研究的，後來又用這個雷達開始做教學，訓練了很多年輕的這方面科學家，原因就是剛好滿足了天時跟地利。

　　「我1981年回臺灣，在臺灣大學做客座教授的時候，就已經開始有這個規劃，後來我每年都會回臺灣看一下這雷達的進度；到了1985年，這個雷達總算是完工了。」劉兆漢院士感慨地說道：「就這樣一直持續到1990年，我每年不斷地在美國跟臺灣之間往返，後來覺得實在是太累，就乾脆結束在美國的工作，直接回來臺灣了。」

　　中壢特高頻雷達站在1985年6月正式啟用，佔地約9,000平方公尺，為臺灣最大的一座特高頻相位陣列雷達，其探測高度範圍由離地約1公里到300公里的高度，是臺灣唯一一座可同時探測低層大氣結構、風場、降水、流星與太空環境的大氣遙測專用雷達。所謂雷達（radar）是從radio這個單字衍伸而來的，它的技術原裡是使用無線電波來偵測目標物體。假設有某一種波被發射出去，這個波可能是電磁波，可能是光波，也可能是聲波；當波碰到一些物質或者是障礙的時候，它會散射一些能量回來，透過接收散射回來能量，就可以知道碰到的東西是什麼東西，也可以知道碰到的東西是不是在移動。中壢特高頻雷達使用的是特高頻的無線電波：雷達發射機把信號送出去，送到高空以後，碰到一些渦流在大氣中形成的不規則體，就會產生散射，一部分散射的信號；被雷達接收機接收到了，經過分析就可以知道不規則體所在的位置、高度，也可測出它在那個高度走得多快，所以使用這個雷達就可以測到高空的風速和風

劉兆漢院士是推動中壢特高頻雷達站建立的重要推手。

向，在研究高空動力學方面很有用。

劉兆漢院士說：「我自己的研究工作，都是跟無線電、無線電波有關係，這個特高頻雷達就是這樣子運作的。」藉由特高頻雷達所觀測的連續資料，可以被用來研究臺灣及其周圍海域的中層大氣之結構和特性。也是因為這個原因，讓劉兆漢院士在日後跨越電機背景進而與氣象和氣候領域的研究互相結合。

從衛星到環境永續

在特高頻雷達及衛星探測的技術的幫助下，劉兆漢院士開始跨

劉兆漢院士曾任國際科聯日地科學委員會科學秘書長與主席，這是1996年他與其他委員的合影。

入研究中層大氣的領域，並一直持續到了1990年代。這時的他深深地體會到一件事情：這種與氣象及氣候相關的研究，其實都屬於整個地球科學系統的一部份。

「越是研究這種氣象、氣候，就越是發現這些現象跟人類社會的現象有關聯；經過更深入的研究之後就發現，所謂氣象、氣候、地球活動和其他零零總總的這些現象，全部都跟人類的活動有關係。」

他鄭重地強調從研究氣候的角度出發，慢慢就發現所謂的「全球變遷」，這是指因為人的活動而影響地球自然環境，使它起了長期甚至永久的變遷，人們開始 究這方面相關的議題，而這門學問

就這樣慢慢有了雛形。

回到臺灣之後,因為剛好中央大學本身在地球科學、地球物理上相當強,中央大學在臺復校就是從地球物理所起家的,所以在這方面本來就有扎實的基礎。當時國際上有好幾個大型的研究計畫,剛好就跟中央大學的一些基本的強項恰好吻合。

時任中央大學校長的劉兆漢院士,就整合當時中大六個學院,進行整體大環境的研究,也就是目前所謂「地球系統」的研究。透過國際交流與美國哥倫比亞大學(Columbia University)的地球研究所(Earth Institute)合作,建立起國際間學術交流,一起開發並且推動一個跨領域且全球性的科學:永續發展(sustainable development),於是這門新學問開始在臺灣漸漸發展了起來。

「正是因為我們知道這是人的活動產生的,所以要怎麼樣才能夠改變人的行為模式,或者說人類可以在哪些基本的活動上面努力,使得我們不會去破壞整個環境,這就是永續發展最新在研究的領域。」劉兆漢院士語重心長地說道:「所以從全球變遷或者是氣象變化。我希望我們慢慢地、不只是我個人,而是整個中大研究方向,都往永續發展方面去研究。」

他再次強調,永續發展就是希望我們能夠把人類的活動的方式改變,使得我們的地球,還有未來的世代可以持續下去。這是劉兆漢院士在回臺灣以後擔任中央大學校長,推動的一個重要的方向。其實所謂的永續發展,這個令人屏息、肅穆以待的大命題,現在已然成為全世界最重要的顯學與研究,各國的政府幾乎都不約而同地在討論永續發展;而中央大學,就屬於在早期就進入這個領域的佼佼者。

劉兆漢院士在中央大學歡迎諾貝爾獎得主Hewish（1992）和楊振寧（1957）。

科學、人才與教育

「其實臺灣的科學教育，在某方面來說是很不錯的。」劉兆漢
院士對此是給予高度讚賞的，「因為要考試，好的學校都非常認
真，學生訓練得很積極。就是在運算方面、做題目方面，臺灣的學
生很不錯。」接著，他舉了一個他朋友小孩的例子。

這位朋友的小孩，在臺灣唸到高二，後來到美國去念高三。由
於在臺灣唸國中、高中，經過大量的解題目訓練上來，當他到美國
念高中的時候，與他同班的美國學生相比，做題目、解題目都又快
又對，比他所有同學都好。但是美國的長處就是，尤其是到高三的
時候：他們的學制是由很多團體組成「研究小組」做計畫，臺灣的
小孩子就沒有這方面的訓練。這位同學剛好就有機會，因為他算東
西、答題目非常好，其他同學很願意跟他組成一隊去研究一個項目，
甚至是他變成小組裡面的主力，因為很多事情他都是最快完成的。

後來他去申請美國的哈佛大學，他就將他這個經驗寫入自傳。
他說他在臺灣受的科學方面的教育，跟在美國最後一年做計畫的經

驗，讓他得以享受到兩個系統最好的一面，所以他始終覺得自己很幸運，後來他真的成功申請上哈佛了。

劉兆漢院士認為臺灣的科學教育有兩個方向需要加強。第一個，是實作的機會；因為缺乏應用的經驗，所以常常會不知道自己學的這個知識可以用在哪裡。第二個，是求證的能力；現在的知識獲取比以前容易太多，網路上就有大量的資訊可以瀏覽，在這種情況下分析「什麼是正確的」這個能力就非常重要了；因為對於科學來說，重要的是該怎麼把新的知識變成自己的東西，如果沒有判斷能力，就很容易學了一大堆錯誤的知識。

新時代的科學家

劉兆漢院士興致勃勃的分享了一本書，叫做《兩種文化》（*The Two Cultures*），作者C.P. Snow（查爾斯‧珀西‧斯諾）是位英國人，非常有名，他又是科學家又是作者。「他在1950年代的時候，出了一本書，就談這個問題：人文跟科技是兩種文化，人文的人做的事情跟他們的想法，跟做科技的人他們的想法，是迥然不同的。他當時就是談到兩種文化的衝突，他非常希望能夠兩種文化不是互不交往的、是有融合的可能的，但這非常的困難。後來他認為兩種文化要真正融合，還是要從個人先做起。」

換句話說，以前都是搞人文的是一群人，搞科技的是另一群人；原本希望這兩群人能夠融合在一起，後來越來越多的經驗證明這不可能做到；唯一一種可能就是：在你自己身上，有人文的素養，同時又有科技的素養。他把這種人叫做第三種文化的產物，後

來有一本書《第三種文化》（*The Third Culture*，作者：約翰·布羅克曼John Brockman），就在討論這個觀點。

　　以劉兆漢院士自己的經驗而言，他認為有創新的科學發現或者是科學家們，都是具備人文素養的科學家。所以他希望中央大學能夠培養這類的人：不只是做科學，而是要真正有人文素養。根據以往的例子，只有這類的人才真正可以做出來、最有價值、最創新的科學研究，這就是為什麼他會不斷的將這個理念落實在中央大學的教育裡面。

寬大胸襟　寬容態度

　　「我長久以來一直都對中大的學生說，就是『有容乃大』。因為我對我做的事情有自信，我能夠執著、可以容納別人，有自信的人才能夠容納別人，能夠接受、聽別人的意見，用這樣子的心態去跟別人合作、跟別人一起為一件事情共同去努力，這樣子成功的可能性就很大。」劉兆漢院士笑著說道。

　　「因為你可以容忍不同的意見，雖然你不見得要同意他的意見，但是你願意去聽；而有的時候其實不同的意見，剛好就彌補了自己的缺陷。所以假使說有座右銘的話，我的座右銘就是『有容乃大』。」

　　劉兆漢院士用他那一貫溫文儒雅的聲線緩緩說道，他將畢生奉獻於科學，歲月雖然在他的身上顯露了痕跡，但卻無法抹滅他窮其一生的功績與彪炳。

　　（訪：許睿芯、盧沛岑／文：樓宗翰）

細嘗五味旅途
追尋生命奧秘

鍾邦柱院士

鍾邦柱院士

● 訪談時任職

中央研究院分子生物研究所特聘研究員

● 當選院士屆數

第32屆（2018年，生命科學組）

● 學歷

國立臺灣大學化學學士（1974）

美國賓夕法尼亞大學生物化學博士（1979）

● 經歷

普渡大學生化所博士後研究員（1979-1980）

舊金山兒童醫院研究部研究科學家（1981-1982）

美國加州大學舊金山分校博士後研究員（1982-1986）

中研院分生所副研究員（1986-1991）、研究員（1991-2003）、

　特聘研究員（2003-迄今）

● 研究專長

類固醇研究、分子內分泌、發育生物、斑馬魚與小鼠動物模式

● 重要成就、榮譽

李卓皓紀念基金會荷爾蒙研究獎（1993）

亞太分子生物聯盟會員（1998）

國科會傑出研究獎（連續4次）（1989-1995）

教育部學術獎（2006）

侯金堆學術獎（2006）

Foreign Fellow, The Zoological Society, Kolkata, India（2006）

傑出女科學家獎（2012）

世界科學院院士（TWAS）（2020）

鍾邦柱院士於2021年12月4日接受採訪。

「當我們告訴他們說他們的胎兒未來是正常的，那對父母親非常的開心，我們也很開心！」她想，能夠和病患接觸，解決他們的病痛，是這份工作極其重要的糖分之一吧。

　　鍾邦柱院士成長於臺南麻豆的自然環境，於2012年獲得第五屆臺灣傑出女科學家獎傑出獎，目前任職於中央研究院分子生物研究所，於類固醇賀爾蒙的研究已耕耘多年。在2006年於國際知名期刊《自然》（Nature）上發表研究報告，其中使用斑馬魚輔以螢光技術作為觀察對象，最終成果為未來科學家們提供了關於類固醇荷爾蒙一個全新的方向。

「多情」卻也專一

　　成為一位分子生物研究學者，並不是鍾邦柱院士從小的夢想。由於一直以來喜愛熱鬧，所以她參加了許多的活動，這同時也造就了她的喜好廣泛，喜歡法律，也喜歡經濟；喜歡閱讀文學作品，也喜歡科學研究。

　　鍾院士踏入「分子生物」領域的契機來自研究所的課程。分子生物學是二十世紀中後半才開始專注發展的學說，在她小時候這個專有名詞尚未出現，直到她就讀研究所，正逢分子生物學萌芽、生物科技起飛，各式學說萌芽。在研究所選修了幾門課程後，她發現了只要是跟分子生物相關的都特別感興趣，開啟了自己對於分子生物的熱忱與好奇，於是義無反顧走上了研究的旅途。

　　「其實我的興趣很多元也很廣泛，有時候也會覺得如果走法

律,或是走經濟,說不定也是很開心。如果再來一次,就看我的機遇是怎麼樣讓我選擇哪一個。」雖然最後確定了自己要走的路,然而鍾院士笑著說,人生可能有很多不同的支線發展,她只不過是恰巧走上了科研的路。

研究生活的「酸」甜苦辣

鍾邦柱院士以第一志願考上臺大化學系,畢業後前往美國繼續攻讀生物化學領域。問及她於研究所是否發生過任何趣事時,她先和我們分享了她在研究生活中的酸——實驗做不出來。「從開始讀博士班後,一個研究的工作馬上會遇到最早的困難,就是實驗做不出來。」在實驗室裡,研究過程陷入困境、做不出成果是常有的

鍾院士(左二)與她第一批學生合影。

鍾院士於2006年獲頒第50屆教育部學術獎。

事，有時候是因為實驗儀器出狀況；有時候是因為假設錯誤，實驗
進行到了一半，才發現原先的想法有問題，或是進行到了最後卻證
明原來的假設錯誤，只能從頭來過，重新設定實驗假設；也有時候
是技術性問題，自身功課、知識儲備量不夠，做不出期待的成果，
而不得不把實驗中斷，為此鍾院士也花了更多的時間去反覆練習，
增進技巧。這些挫折幾乎是每天都會發生的事情，是每天都會遇到
的噩夢：「做實驗遇到的挫折實在太多了，說不完的，瓶頸只會越
來越多。」

　　除了實驗過程中無可避免的挫折，實驗過程外也是會遇到一些

「不可抗力」──研究成果被超前，這或許是在研究中令人沮喪又莫可奈何的一件事。偶爾會出現這種情況：研究正在進行，或是結果即將出爐，卻發現有其他團隊比自己進行得更快，產出了更多成果甚至是已經搶先發表。她在加州大學的研究室，曾和來訪的研究人員們分享自己的實驗經歷和成果，研究人員們備受啟發，利用這些實驗經歷往下延伸探討，最終竟比她更快研究出了成果。當時鍾院士的指導老師大受打擊，請假出門旅遊散心了兩週來調適心情，但當時仍身為學生的鍾院士沒有辦法隨心所欲地說走就走，只好在實驗室裡找尋其他研究方式，想辦法以全新的方式將實驗進行下去。這個小故事的結局卻是令人意想不到，她最後仍是找到了實驗進行下去的方向，並且團隊最終超前了原先來訪研究人員們的進度！

研究生活的酸「甜」苦辣

　　酸甜酸甜，實驗過程中的快樂和挫折總是並行的。鍾院士提起她在研究中最喜歡的事情是辯論、分享，她享受辯論的有趣，也享受將研究分享給其他人的過程。教學相長，是她在與非科研人員閒談時最有所收穫的地方，藉由他們的回饋，更可以知道自己的優勢與不足。此外，她是由衷地享受著「做研究」這份工作，也由衷認為自己在做的是一件有意義的事情。在一次剛回到臺灣的研究中她遇到了一位病患，這位病患的遺傳疾病患是一種隱性疾病，小孩子一出生就是患病的。經過檢查和研究後，鍾院士和團隊們發現是因為病患的爸爸媽媽各帶了一條突變的DNA傳給了他，在拿到了兩

鍾院士（前排左三）於2012年獲頒臺灣傑出女科學家獎「傑出獎」。

條突變的DNA後，這位病患才會一出生就生病了。了解原因後，研究團隊便去找出爸爸媽媽身上那條突變的DNA是什麼，當這對父母親再次懷孕時，就能替他們做產前診斷，看看他們的胎兒身上是否帶有這條突變的DNA。「當我們告訴他們說他們的胎兒未來是正常的，那對父母親非常的開心，我們也很開心！」她想，能夠和病患接觸，解決他們的病痛，是這份工作極其重要的糖分之一吧。

激進與安逸──論國內外研究環境

「在美國的話進實驗室會感覺到競爭非常的激烈，很多人會覺

鍾院士（右）在細胞色素P450研究50週年研討會中與大村恒夫（Tsuneo Omura）教授（左）合影。

得今天不努力做的話，明天就沒有飯碗、就失敗了，所以大家就是憑著那股心往前衝。」鍾院士於博士及博士後研究所階段皆是在美國進修，後來又回到臺灣，成為中研院分子生物所籌備處剛成立時的第一批聘任學者。對於兩國間不同的文化背景下帶來的實驗室氛圍，她認為可以總結為兩個截然不同的詞彙－激進和安逸：美國實驗室的激進，和臺灣實驗室的安逸。

競爭是進步的原動力之一，但是很多事情過猶不及，當壓力突破一個臨界點時人是會受不了的。因為同儕競爭激烈，美國的實驗室氛圍是緊張的、高壓的——如果不努力的話，就要被淘汰了！人人抱持著這樣子的想法，深怕若是不夠拚搏，明天的飯碗就沒有著落了。適度的壓力使人成長，過度的壓力讓人喘不過氣，處於如此壓力鍋之下，雖然能夠起到強烈的鞭策作用，然而有時也會讓人難

以負荷，精神崩潰。相比之下，臺灣的實驗室步調是相當沉穩舒適的。「在臺灣的話，大家的想法都是工作基本上是一個鐵飯碗，好處是感覺氣氛非常的安逸。」鍾院士認為在安逸的環境中工作，研究更像是一種享受。然而鍾院士也坦言過度安逸也不是好事，無論是激進或是安逸，都只是環境的一種狀態，重要的是自身心理的調節，要清楚如何調和自己的節奏，不過度緊張，也不過度放鬆，是最需要學習的課題。

懷抱熱情，擇你所愛

一路從北一女、臺灣大學，再到美國賓夕法尼亞大學，鍾邦柱院士的求學旅途是那樣的精采，問及她讀書的秘訣，「愛」是訣竅，她肯定地說：「做實驗很多時候會失敗，如果是真的喜歡的話，即使失敗了也不會害怕。」鍾院士提起了她曾經帶過的一位來自一位頂尖學校的研究生，在校的成績一向非常優秀，進到實驗室後也維持著超高水準。

在實驗室期間，偶爾在實驗室匯報時他人提出問題，他也能立即給予回答，但是當開始進行實驗研究，他便開始出現了一些小小的問題。對他而言讀書不是一件困難的事情，或許由於記憶力強，一直以來書都讀得很好，所以一不小心便出現了不求甚解的情況，並不是真正投入研究中，而僅僅是把教科書上的知識輸入腦中再背出來，好像都已經瞭解了。這容易造成一失敗便出現挫折的情況，畢竟沒有真心喜愛的事物，總是容易讓人輕易生出放棄的心情。

「剛剛說的是比較極端的例子，大部分的人都是有一點喜歡，

既不討厭，可是也不是那麼熱愛。」鍾院士承認，不過不討厭便是個重要的開始，興趣是可以培養的，不管是從一次次成功中獲得的成就感，被他人稱讚的幸福感，或是單純享受做實驗的快樂，那一點點的高興都可以支持著人往下走。

「喜歡教是很重要的事情。」不只是身為學生應該喜愛自己在做的事情，當老師的也要喜歡教學，良好互動之下才能教學相長。鍾院士身為研究員也需要帶領學員進行研究，她非常喜愛與學生討論問題。源自個性中喜愛分享的特質，她不只會去找學生們討論問題，相處融洽，也會嘗試了解學生內心的想法，她認為，這是當老師必要的條件。

資訊對等才是偏鄉最迫切的需求

成長於臺南麻豆，鍾邦柱院士考高中初次北上至臺北，她說自己就像是劉姥姥進大觀園，第一次來到了大城市。訪談中，我們詢問了她認為偏鄉教育該如何提升的問題。教育機會和地理環境長久以往都是密不可分的元素，有研究表明在討論偏鄉教育問題時，最常被爰以討論的便是師資流動率高、經費或設備不足、主要照顧者觀念偏差等，鍾院士則多提出了另外兩個看法－環境刺激和資訊接收。

學習的起點是好奇心，相較於以往，現在即使是鄉下地方，也大多是有網路的，能夠獲取知識的路徑不再只有父母師長的教導、紙本的書籍閱讀，而是人們能夠主動地從網路世界找到答案、解答

自己的疑惑。但是資訊如此豐富雜亂的現在，資訊接收與選擇的能力變得更為重要。

有時候豐富的資訊會淹沒思考能力，在不斷地、大量地輸入知識的同時，忽略了整理及去蕪存菁。鍾院士說自己每天都在做抉擇，「做研究工作是怎麼樣呢？就是不做不需要的工作。」她說在實驗室時，學生常會提出各式各樣他們覺得很有趣，或者是院士自己也覺得很有趣的實驗方向，但這個有趣有時候卻是偏離最初

鍾院士（中）與生物學家羅伯特．羅德（Rob Roeder）（右一）及生物化學家張毅（Yi Zhang）（左 ）在2013年表觀遺傳會議中會面及交流。

設定的實驗題目的，這時候便需要選擇，是堅定地走最初設計好的題目，還是選擇這些突發奇想的靈感呢？以及鍾院士也提及自己迄今做的都是類固醇實驗，不過現在正在考慮想轉向研究腦科學的領域了。我們每一天的每一個腳步都是在做抉擇，去蕪存菁的意義不是永遠保持在最初設定的那條路上，而是時不時檢查自己在走的這條路是不是對的，是不是自己所想要的。

「通才」的必要性

找到熱情的方法，首先得先接觸，開啟了對領域的好奇心才能談及下一步。鍾院士在訪談中提到，她在高中考大學聯考時選擇的是甲組，考試是沒有包含生物科的，上的大學科系是化學系，但是最後研究所讀的卻是生物。第一堂生物課還是在大二時選修了一門系上課程——生物化學課，課後她慢慢發現了自己喜歡生物，因此想辦法至其他系選修了任何與生物學相關的課程，這才開啟了日後研究分子生物的這條路。會喜歡上生物，就是從選修了生物化學開始的，如果當初沒有廣泛的接觸這個課程，或許鍾院士走上的就不是「分子生物」這個領域了。

現代社會的分工合作雖需許多專業人才，但專家間如何進行磨合與溝通，需要的是擁有對對方知識基礎的認識，才能更好的協調工作、完成目標。「現在一切都是跨領域，所有知識都要學。」學習各式各樣的知識除了有找到熱愛的可能性，也是現代社會上需要的一種能力。

人才是優勢，也是劣勢

作為在臺灣與海外都生活過的鍾院士而言，臺灣學術發展的優劣勢是在哪裡呢？鍾院士提到了「人」，不論是優勢抑或劣勢皆在於「人」這一點。能夠進到中研院的學生們實驗技巧都相當好，並且具有一定程度上的專業知識，代表臺灣其實是有一流的人才，這是臺灣很大的優勢。然而因為臺灣研究環境的安逸，也可能因為臺

灣普遍更加重視半導體科技業，很多學生明明在生命科學方面訓練完整，專業性知識儲備量也充足，卻還是會猶豫是否該轉換產業，一些論壇上甚至會出現「一日生科，終生科科」這樣自嘲的言論。這些對於產業不確定性的想法，實為臺灣在發展生物科技上最大的隱憂。

那該如何改進劣勢，讓生物科技在臺灣能發展更加茁壯呢？鍾院士認為可以分成兩個問題討論，一為如何讓人才回流，二為如何吸引外在人才。歸根結柢不敢輕易踏足生科產業的原因，除去是否熱愛這個因素，有許多人還想知道它究竟賺不賺得了錢。如若現下有一個十分健全的生技產業環境，很多人發現這個領域的前景不錯，在生技方面是可以賺到很多錢的，那最好的人才就會回流，而不是只能往國外重視生技行業的國家出走。吸引外在人才也是一樣的，想吸引他人駐足，首先須得豐富自身，當臺灣也有完整的產業架構，兼容並蓄的就業環境，當然也就能吸引許多人心馳神往。美國在這個方面便做得很好，匯聚了全世界的人才成為一個大熔爐，這些高技能移民的流入讓美國成為學術與產業都很活躍的集中地。

生物多樣與氣候變遷

氣候變遷是近幾年內熱門且重要的議題，最早於1992年聯合國大會設立的政府間氣候變化綱要公約談判委員會便經歷多次會議討論，同年通過的《聯合國氣候變遷綱要公約》（UNFCCC）；再來是1997年簽訂，應於2012年到期的《京都議定書》（Kyoto Protocol）；或是離我們最近的，於2015年12月12日在巴黎簽訂的

《巴黎協定》（Paris Agreement），其中都提及了氣候變遷這個問題的緊急性與討論的必要性，立下簽約國應遵守及達成的目標。氣候變遷是個基本面的問題，影響的不只是單單溫度變化，也影響了地球上不同物種的生存問題，鍾院士表示氣候變遷在生物面上的影響，最直接也最關聯的嚴重問題便是生物多樣性問題。

因為每種物種均有其適應生存的環境和條件，環境變遷可能直接導致了某些物種的滅絕。並且一個生態系中的不同物種面臨環境變遷的反應也不盡相同，有的遷移，有的滅絕，有的在原地調適生存，原先競爭、共生等的關係便會發生變動，進而導致更多物種間接的滅絕。在此類議題上，氣候與生物的研究如此息息相關，這種跨領域研究在現今世界絕對是必要的，因此開始出現了各種各樣的調查工作，研究如突如其來的水、旱災或是忽冷忽熱等情形，在這些氣候劇變下，物種該怎麼生存、生態鏈的改變，這些都是值得探討的問題。

還有自2007年中油在桃園觀音海岸的藻礁上開挖了四公尺深溝起，爭議至今的觀音藻礁保育議題，除去環境與經濟的取捨，它同時也代表著生物與氣候變遷的相關性。在生物學這方面，有教授在社群平台發表過關於生態系健全度的言論，也有其他學校、領域上研究生物多樣性的教授們出來表示了自己的看法，這些專家們的話該如何傳達給一般民眾了解，鍾院士認為是很重要的，「他們用了分子生物的工具做研究，並出來講話，代表說他們在這方面耕耘很久。」由於此種議題無論正反面都有許多擁護者，無論支持哪方和背後原因，專家的看法若能準確且易懂地傳達給大眾，或許能讓大家更謹慎思考也說不定。「公共議題成為像是公投二元化的投票，

鍾院士（左）與曾啟瑞醫師（右）一起主持研討會議。

已經變成一個政治議題，而不是一個科學議題，有時候我會覺得這個是相當不幸的事情。」環境、生物和經濟的問題，是否能夠真正以是否來概括答案呢？她也略為惋惜地說道。

生技是永保青春的靈藥？

除了氣候變遷外，我們問了鍾邦柱院士認為還有哪些事應該重視的科學問題，她答道：「人類老化疾病，像是大腦運作機制，或是如何預防神經老化等，未來會想朝這些方向繼續研究吧。」

生科全名為生命科學，不只研究生物，更是研究人，而鍾院士專精的是類固醇荷爾蒙領域。類固醇具有極好的抗發炎效果，廣泛應用於各種發炎反應的藥物中，藥效極強。體內類固醇太多或太少，都可能引起疾病。她的研究主要以動物模式來研究類固醇基因

調控的機制，了解類固醇在體內發揮什麼樣的功能、用途，期待能對人類疾病有進一步的貢獻。例如其2006年發表於國際期刊上，原以小白鼠研究體內類固醇作用及影響，在發現較難以觀察後，她改以使用斑馬魚做觀察對象，並且輔以螢光技術，讓細胞在顯微鏡下更加清晰，她和她的團隊最終發現類固醇荷爾蒙的作用在於讓體內的細胞移動，讓魚卵從最初一個小小的卵狀長成細長的身體。這個發現不只解釋了類固醇賀爾蒙的作用，甚至能進一步了解賀爾蒙對神經和老化的作用，鍾院士期待未來能夠繼續盡自己一份力量，對老化疾病能有更多的貢獻。

破除女性科研門檻

身為2012年第五屆臺灣傑出女科學家獎傑出獎的獲獎者之一，鍾院士希望能讓女性和整個社會認知到，家庭教育和社會風氣常是造成女性對自然科學望之卻步的原因。

依據2016年科技部統計資料顯示，全國高等教育部門研究人員，男女性申請科技部專題計畫「獲得通過」的比例為49.15%與47.52%，兩者僅相差1.63%，然而若只論「申請」科技部專題計畫的男女性別比例卻是19：6，在計畫通過的比例上可以看到女性平均能力並不比男性低，然在申請計畫上男女比例卻是相差了約兩倍。

近年來女性意識提升，學界也有越來越多的女性科學家出現，然而在一些較傳統的華人家庭中，女性常被質疑在科學研究上的能力，懷疑她的理性和邏輯，或是擔心女性在科研中處於弱勢。「有

的時候女學生自然科學方面表現很好，可是家長就不喜歡，（只能）壓抑下來。」鍾院士認為社會風氣應該改變，其實女孩子走科研也是很不錯的方向，更重要的是孩子本人是否熱愛，是否願意投身，並且如果能讓更多一點的女性都從事研究的工作，對於讓女性從事科研又能多一個誘因，能讓她們在這個領域感到有同伴，而不是孤身奮鬥。

另外她也略為嚴肅道：「職業婦女應該要了解，家庭和工作是不可能（獨自）兼顧的。」提到職業婦女，最常被問起的難題就是如何兼顧家庭與工作的。若兼顧的意義是兩者獨立工作臻至完美，當然是不可能的，不若換個念頭，將科研工作與顧家育兒皆看作是工作的一個「項目」，項目的成功不只在於個人的努力，更是需要身邊的伙伴支持，家庭也是一樣的，有支持的家人和夥伴同行，即使遇到風雨也能更加無所畏懼。

訪談的最後，鍾邦柱院士和我們分享最想和莘莘學子們說的──選你所愛，愛以所擇。其實這句話不只送給學生，也是對環境、對自己，「不要說問哪個好，哪個流行，要選你所愛的做，第二個就是你做了之後要愛你所選的，就要堅持下去。」

（訪：邱舒妍、黃名／文：陳思萌）

兩次轉換跑道
三種不同領域的研究生涯

何志明院士

何志明院士

簡 歷

●訪談時任職
　美國加州大學洛杉磯分校班瑞期-洛克希德馬丁榮退教授

●當選院士屆數
　第22屆（1998年，工程科學組）

●學歷
　國立臺灣大學機械工程學系學士（1967）
　美國約翰霍普金斯大學力學及材料科學博士（1974）

●研究專長
　跨領域工程科學：紊流控制、微流體系統、人工智慧個人化醫療

●經歷
　美國南加州大學航空工程學系助理教授 - 教授（1976-1991）
　美國加州大學洛杉磯分校（UCLA）機械航空工程學系教授（1991-2016）
　美國加州大學洛杉磯分校微系統中心（CMS）主任（1993-1999）
　美國加州大學洛杉磯分校班瑞奇－洛奇馬丁講座教授（1996-2016）
　美國加州大學洛杉磯分校科學研究副校長（2001-2005）
　美國加州大學洛杉磯分校細胞模仿空間探索研究所所長（2002-2008）
　美國加州大學洛杉磯分校細胞控制中心主任（2006-2012）

●重要成就、榮譽
　美國國家工程學院院士
　香港科技大學榮譽博士

美國科學促進學會會士

美國物理學會會士

美國醫學與生物工程學會會士

美國航空航天學會會士

中國科學院愛因斯坦名譽教授

臺灣大學傑出校友

美國約翰普金斯大學榮譽學會會員

美國約翰普金斯大學全球成就獎

何志明院士於2022年8月18日接受採訪。

　　個性化醫學是一個「無中生有」的領域，必須先捨去傳統演繹法的思想方式，才可以發現複雜系統的通用轉遞函數。建立個性化醫療的研究，讓他有機會能治療病患且維護病人生命，同時也完成母親的遺願，這是他一輩子最值得珍惜的寶貴經驗。

　　何志明畢業於國立臺灣大學機械工程學系、美國約翰霍普金斯大學力學及材料科學博士，在紊流控制、微流體學和個性化醫學三個領域皆有原創性的貢獻，是一位享譽世界的科學家。曾任UCLA科技副校長，更於1997年被遴選為美國國家工程院院士，亦獲選為美國科學促進學會、美國物理學會、美國醫學與生物工程學會、美國航空太空學會之會士。1998年，獲選為中華民國中央研究院工程科學組院士。2014年，獲得香港科技大學榮譽博士。

選擇讀工程的原因

　　啟蒙教育對學生的人生方向有決定性的影響。中研院何志明院士表示，從小學到研究所，每一個階段都很幸運的遇到好老師，對他的處世和治學都有正面影響。就讀中和國小的時候，五、六年級遇到李文溪老師，其兢兢業業工作態度，更讓何院士奉為一生做人處事的圭臬。

　　大學科系的選擇，困擾無數的高中生，因為關乎未來生涯的發展，何院士也曾經面對這樣的前途抉擇。據回憶，他的媽媽鼓勵他就讀醫學院，未來成為濟世救人的醫生，既是對於孩子的期待，同

時也是一圓媽媽因抗日戰爭而未讀完湘雅醫學院的夢想。但是何院士認為自己並不適合當醫生，即使自己的記憶力很好，但不喜歡死記硬背的學習模式，反觀當時醫學院的學習必須記下人體骨骼的拉丁文名稱，這都讓何院士打消學醫的念頭。

高中時期的何院士，就讀建國中學，高二的化學老師盧世芩女士，除了上課非常熱心，課餘時間也對學生非常關心，甚至被學生視為第二個母親。受到這位老師的影響，讓在高中時的何院士對化學有很大的興趣，而且化學成績十分優異，於是產生就讀化學系的想法。然而，當時候的臺灣整體經濟水平不高，理學相關科系相比於工程學群，不太容易找到一個能夠維持家庭生活的工作。

因此，透過自己的興趣與就業的全方面的衡量之後，就以工科作為大學入學的志願。

奠定研究基礎的大學生涯

當初的臺灣，大學入學名額並不多，考上大學本身就非易事，何況是進入臺大就讀，何院士覺得自己可以擁有如此珍貴的機會，便要求自己認真讀書做學問。

如今回想，何院士認為現在坐擁的成就，都是仰賴在臺大讀書時遇到的金祖年教授，也是當時的機械系主任。傳統的機械系課程都是鑄造學、汽車學、內燃機等，還要到工廠實習鑄造，鉗工。

隨著時代改變，古典的工程學必定也必須要跟著進步。在金祖年教授的推動之下，將美國考察所獲得的成果引入臺大，大刀闊斧的改革機械系課程規劃與設計，引入許多理科知識，包含固體力

學、流體力學、工程數學與量子物理等等，才有機會學習到這些知識理論。

何院士回憶，那時候金祖年教授對課程的改革，銜接時代的學術潮流，絕對不是一件容易的事情，尤其自己當教授之後，更能體會到改變課程，往往會受到非常大的阻力，因此金祖年教授能夠讓全系教授都能夠支持新的觀念，所有的教授願意為學生的教育花很多的精力。直到現在，依舊感懷感激與欽佩之情。

何院士在臺大的學習認識到新時代學術思潮，累積接軌國際學術的知識與能力，於是大學畢業之後，才有實力出國深造，挑戰美國的頂尖研究所。何院士表示，真的非常感謝金祖年教授改革課程，讓自己有機會學習到量子力學的觀念，讓我對物理世界有一個全新的認識，我尤其對大尺度與小尺度物理之間的關係產生了非常大興趣。更是為未來的學術研究鋪路，而後建立了微流體學的領域。

一句話成為選擇研究所的契機

1960年代，臺灣的經濟仍然極為落後，雖然他的父親是一位簡任級的公務人員，生活依然僅能溫飽。家庭狀況並非富裕的情形之下，光是買機票都成問題，不可能有出國讀書的機會。當時臺灣的大學也還沒開設研究所，不可能有升學的機會，但願畢業之後可以到工業重鎮的南部尋找工作謀求發展而已。

然而，何院士在大三的暑假完成預官軍事基本及專科訓練後，回到班上猛然發現，身邊許多同學都在申請國外的研究所。這一景象，讓何院士對於出國深造產生興趣。即使沒有明確的概念與方

向，至少開始著手準備。

何院士向美國多個大學提出申請之後，陸續收到三間大學的全額獎學金，分別是約翰霍·普斯金大學（Johns Hopkins University）、加州大學洛杉磯分校（University of California, Los Angeles）、密西根大學（University of Michigan）。當初雖然填了申請表，也很幸運地收到錄取通知，但還是不知道該去哪一間學校。

後來，何院士請教當時從馬里蘭大學到臺大客座的楊覺生教授，得知約翰 霍普金斯大學在力學領域的研究為世界第一，若是有意研究力學就應該進入最頂尖的學校。此外，何院士也了解約翰 霍普金斯大學是美國第一個設立研究院及醫學院的大學。所以，何院士渡過重洋，前往美國約翰 霍普斯金大學就讀。

來自指導教授的啟發

何院士大學畢業之後，進入美國約翰 霍普斯金大學深造，當時力學系的博士資格考試非常嚴格，通過考試之後可以直接攻讀博士；但考試不及格的話，就只能獲得碩士學位，大概只有20%的學生可以通過博士資格考試，何院士有幸是其中一位。在這寧靜美麗充滿濃厚研究氣氛的校園中，開始了六十多年的學術生涯。

當時的博士導師是來自匈牙利的L.S.G. Kovasznay 教授，Kovasznay教授在第二次大戰後離開匈牙利，到劍橋大學擔任博士後研究，師從G. I. Taylor 教授。Taylor教授是伽利略與牛頓學術家庭的一份子，因而何院士成為伽利略第十六代及牛頓第十三代的學生（https://academictree.org/physics/）。Kovasznay教授是在紊流學

何院士與博士導師
Leslie S.K. Kovasznay
教授（約翰霍金斯大
學，美國藝術與科學學
院院士），在1974年攝
於約翰霍金斯大學航空
工程館。

（Turbulence）領域研究中極為知名且有高度成就的一位學者，以
往在臺灣學習的時候，遇到問題，習慣從書中尋找解答，但是在
Kovasznay教授的指導之下，讓何院士認識到原創知識的產生，是
先以直覺去確定正確的方向，用想像力發掘那些從來未知的問題，
再以非常規的方法解決。因此，Kovasznay教授鼓勵何院士用心、
用直覺、用想像力投入、進行最為原創的研究，才能跳脫出過去學
習的框架，創造屬於自己的研究結果。

　　對此，何院士有感而發，美國跟亞洲的教育方式與培養人才的
環境有很大差異。美國注重原創性知識的產生，在亞洲，學生是以考
試分數作為依歸。教授的僱用，升級和研究成果是以幾份論文以及
論文發表的雜誌的impact factor作為評審的標準（KPI）。不過這些
數字僅是表示此對知識了解的程度，無法代表是否有原創的能力，
進而創造新知識，推動科學的進步。何院士認為，規矩與制度是不
能訓練出來大師，而是要有合適的環境才有機會培養出一位大師。

　　此外，何院士本著自己出國求學的經歷，鼓勵現在的年輕學子

應該出國讀書，因 研究的發展與創新，除了知識的累積，還要能學習不同國家的文化背景，互相認識彼此的優點，包容不同的想法，以開闊的心胸面對人生。何院士強調，自己的研究團隊，都盡量維持1/3的美國人、1/3的歐洲人、1/3的亞洲學生，如此更能讓團隊成員互相學習，認識不同文化，體會合作精神。以此建立出實驗室的優良氣氛，是情同手足般的合作研究而不是互相競爭，即使畢業數十載之後，學生們仍然經常聯繫，成為兄弟姐妹般的一生好友。

　　何院士從來不要求博士生必需在impact factor多高的雜誌發表多少篇論文（KPI），才能夠畢業。現在他們的事業都非常成功。50名的博士生在學術界工作的已經有兩位是美國及歐洲的院士、兩位大學副校長、八位講座教授。在工業界有九位是跨國公司的副總或者是創業公司的CEO、在政府工作的一位是在白宮負責高科技的策劃、另外兩位均為部會級的高層官員。一流的人才不是用規章管理訓練而產生的。人才是在合適的環境中才能培養出來的。

紊流學界的佼佼者

　　何院士取得博士學位後，旋即前往南加州大學（University of South California）任職，往後17年都是做紊流的研究，特別是自由剪切流（free shear layer）的控制。發現以極低量克耳文亥姆霍茲（Kelvin-Helmholtz）不穩定波頻率的諧波或者次諧波擾動自由剪切流，可以大量增加或減少將周圍的流體引進自由剪切流，加以混合，這個發現可以增加燃燒或其他化學合成的效率。由此從了解紊流學的機制（mechanism），進展到如何控制紊流學流場的應用。

研究自由剪切流的三劍客：（左）Patrick Huerre教授（Ecole Polytechnique, France，法蘭西學術院院士）、（右後）Peter Monkewitz教授（École Polytechnique Fédérale de Lausanne, Switzerland）、（右前）何志明院士。攝於1980年前後，當時三人皆任職於南加州大學。

　　經過長時間的研究，何院士開始對於紊流領域感到失去挑戰性。寫了研究計畫而獲得經費之後，花費數年的時間，研究出來的結果與原本計畫書的預期只有大概正負10%的差異，也就表示在沒有執行這個項目之前已經知道了答案。覺得過程沒有太多的挑戰，轉戰研究其他領域的念頭悄然萌芽。

　　在1990年，何院士參加系上的一場演講，主講人是從加州大學柏克萊分校畢剛業，在加州理工學院任職的戴聿昌教授。當時，微機電系統（Micro Electro Mechanical System）才開始發展，用電子光刻的製造技術製作機械元件，其中的精微靜電馬達，甚至小到與頭髮直徑一樣，而戴教授正是世界上第一位發展出這樣馬達的科學家。戴教授後來也當選了中央研究院以及美國工程學院院士。

　　何院士回憶，當時的他並不了解這個領域，但是聽到戴教授的

2017年，何教授（右）與戴聿昌教授（中央研究院以及美國工程學院院士）（左）攝於IEEE MEMS Conference, Las Vegas，他們是共創微流體學的三十年研究夥伴。

演講之後，就直覺認為將會這是一個非常有希望的新領域，是當時就決定進入這一個研究方向。

獨步世界，開創微流體領域

1991年，戴聿昌教授在加州理工學院建造完成微機電器件的無塵實驗室，開始與何院士合作，整合兩人不同的專長，戴院士精於用電子光刻技術製造很小的機械元件，何院士則是有興趣在微小的器件中研究大尺度與小尺度流體的現象，兩人攜手開創了嶄新的「微流體學」（Microfluidics）領域。

兩人最初研究液體和氣體在微米管中流動的基本機制。後來用厘米級的致動器，操控無人機的飛行；最後將研究主力投入在如何應用於疾病檢測方面。微流體的管道跟細胞的大小一樣，用於生物檢測非常有效而且可以不需要大量的檢體，再者，檢測核酸的微機電系統傳感器的信噪比可以高到不需要聚合酶連鎖反應（PCR）的放大。在血液、唾液及和尿液的臨床實驗中都有非常高的靈敏度及可信度。

如今，在全世界科學家的努力之下，已經投入超過30餘年的研

究，現在的大部分生物檢測儀器都是由微機電傳感器和微流體線路網組成的系統，足見何院士與戴院士開創該領域的重要價值。

到了2010年左右，何院士在微流體學領域的研究20年後，覺得再度漸漸失去挑戰，因此又萌生轉換方向的想法。

轉戰個性化醫療研究

有一天，何院士與當時在UCLA醫學院的吳虹教授聊天，談論到生物學中的細胞研究，吳虹教授向何院士講解如何在細胞裡面建立信號通路和調控通路，藉此了解如何由分子互相作用而產生的細胞功能。何院士認為，雖然這是嚴謹的研究方法，但是需要花費非常多的時間，而自己出身於工程背景，認為如果能建立藥物劑量的輸入和治療功效的輸出關係，才是一個比較實際且快速達到治療目標的方法。

何院士笑著說，當時他們兩人辯論一整個下午，仍然各持己見，就回到各自的辦公室。經過兩週的思考，何院士覺得這是很有趣的挑戰，因此著手研究優化藥物及劑量的組合刺激細胞的實驗，如何達到最佳的細胞反應的實驗，考察是否可以建立輸入及輸出的關係技術平台。此後，開始致力於建立個性化醫療領域。

研究最初，以六種藥物、十種劑量為主，搭配出來可能得出百萬個不同藥與劑量的組合。如何在這麼大的參數空間中，可以用最快的速度找到最適合的組合？這是何院士想要得到的答案。

這時一位極為聰明的博士生利用反饋系統控制（Feedback System Control, FSC），僅花了一個月，做了十八次的迭代，找到

何院士與UCLA的
Leonard Kleinrock
教授（美國工程學
院院士、Internet的
三位原創人之一）
合作研究以微制動
器反饋控制柔性薄
膜結構，2003年攝
於西班牙馬德里。

可以達到最佳的細胞反應的藥與劑量組合。接著，何院士與幾位博
士生一起用FSC的平台推廣到多種疾病模型，都是只需要十幾次的
迭代，就可以得出最為適合的劑量。

此外，吳虹教授與何院士的團隊合作利用FSC的平台，將成分
極為複雜的人類胚胎幹細胞的培養液，簡化為四種分子組合，以此
為基礎，研究人類幹細胞則更為容易。

此後何院士團隊在一系列的實驗中，換用歸納法（induction
approach）探索藥物及劑量對身體反應的關係。以人工智慧運算擬
合實驗數據，最後發現藥物及劑量對病理、生理的反應，呈現平滑
的表型反應曲面（Phenotypic Response Surface, PRS）是有二次非
線形函數的定量關係。

何院士表示，在臨床上雖然病症相同，但因為每個人的體質不
一樣，對於藥物的反應也會不一樣，不應該以同樣的藥劑量進行治
療。如今，PRS二次非線形函數可以真正做到「個性化」，能夠動
態客製化藥物及劑量去治療特定病人，其應用範圍非常的廣泛，已

在癌症治療、器官移植和傳染性疾病的臨床試驗上成功證實。

此外，何院士非常有信心地強調，PRS二次非線形函數十分簡單，不但可以用在生物複雜系統方面的疾病治療，甚至可以用於物理，化學以及社會複雜系統、的定量分析和優化。所以，PRS函數是複雜系統通用的輸出與輸入的傳遞函數

何院士以Complexity and Simplicity 為題，在Forum of Great Minds中，給關於個性化醫療的主題演講。2017年攝於中國科技大學。

（unified input-output transfer function of complex systems）。

現今，何院士回想當時發現非常令人興奮實驗結果，到了65歲也不想離開研究，一直到了2021年才退休。他總結，人生的變化如此巧妙，經歷了紊流控制、微流體學和個性化醫學三個不同領域。每次改變研究方向的時候，都發生在意想不到的瞬間。聽了楊覺森教授的一句話，選擇前往約翰 霍普金斯大學讀力學；聽了戴院士的演講，兩人一起建立微流體學領域；最後跟吳虹教授辯論一個想法，又創立了個性化醫療。（https://en.wikipedia.org/wiki/Chih-Ming_Ho）

2012年，何院士與歐洲研究個性化醫療的合作團隊攝於瑞士Jungfraujoch：
（右至右）Hubert van den Bergh 教授（École Polytechnique Fédérale de
Lausanne）、Patrycja Nowak-Sliwinska教授（University of Geneva）、
何志明院士、Arjan W. Griffioen教授 （VU University Medical Center The
Netherlands）、Andrea Weiss博士（Duke University）。

「教育」與「教學」的不同

　　何院士的研究團隊（Team Ho）包括約250位學士，碩士以及博
士生。數十年培育學生的經驗，讓何院士了解到，大學裡面不光只
是「教學」，最重要的是「教育」。他認為教學跟教育是不同的，
教學僅是知識的傳遞而已，而教育則是人生經驗與精神的傳承，培
養創造知識的能力和道德水準。

　　何院士指導學生，並不會直接告訴學生要做什麼、要學什麼，
先讓他們在團隊中一起工作，強調培養與他人合作的經驗，也是讓

Team Ho：一群樂觀、無畏的年輕人（上至下：2003、2006、2011）

他們先在研究領域中自行摸索，找尋自己真正有興趣的問題。

　　學生自我探索一年之後，廣泛接觸不同的議題，以此啟發視野。何院士強調，自己不會直接告訴學生論文題目，一定要先讓學

生接觸過各式各樣的議題之後，從中找出自己喜歡的方向，自行選擇有興趣的博士論文主題。讓學生自己做，才能真正訓練獨立研究的能力；同時也是培養學生的創造力，這對於科研有非常大的幫助。此外，何院士更認為考試成績與創造力沒有任何關係，也從來不在意研究生的分數。

訓練獨立性與培養道德操守

何院士認為學生的「獨立性」非常重要，在大學最重要的是學會獨立完成自己的責任與事務，尤其是研究生寫論文的時候，必須為自己負責，提升獨立作業的能力，自己發現題目、尋找解答，才有能原創性的研究發現。何院士表示，他的學生發表在雜誌期刊中的一些論文，以及大約三分之一的專利都是學生及他的同窗完成的，作者欄位中並不會出現他的名字，這是令他非常驕傲的事情。

畢業之後，這些知識份子在學術界，企業以及政府擔任領導，就要具有信心做出決斷，而且抱持無畏的精神，勇敢的面對任何挑戰。這些能力，都是「獨立性」的具體展現，也是培養領導人才的重要關鍵，正是何院士教育的最高指導原則。

除此之外，道德的操守是人生成就的重要關鍵。何院士強調，一位有聰明才智及執行能力，而且能努力工作的人，在事業上必會達到某種程度的成功，而其成功的最高限度，則由道德操守決定；若是道德出了問題，往往會導致最後的失敗。

研究機構執行計畫的經費，都是來自人民的納稅錢，每位研究者有責任反饋社會、必須堅持道德操守，對科學的發展和社會的進

何院士的座右銘：
海納百川，有容乃
大。

步有所貢獻。因此，培養學生的道德操守和增強對社會責任感，也是教授的重中之重的工作。

海納百川，有容乃大

　　何院士的座右銘是「海納百川，有容乃大」，他的辦公室高掛一幅「海納百川，有容乃大」的書法作品，時時刻刻提醒自己保持寬宏的心胸，如此才可以從不同的角度思考事情。

　　何院士舉例，他原本的領域是紊流，而後轉戰微流控，最後再研究個性化醫療，研究生涯中轉換兩次方向，每次原創新的領域，一定要有寬宏的心胸才能夠「捨得」。因為新領域不是原本的舒適圈，必須把原來的框架全部「捨」去，內心才有容量再去承載和創造新的東西，「得」到在原來框架下不可想像的成就。這就像廣袤無際的大海，可以容納百川匯歸，因此何院士將之視為值得奉行一生的圭臬。

　　在這極速變幻的時代，必須要有遠見才能指引時代的方向。遠見是寬大心胸與敏銳直覺的產物。在將來甚至是不久的將來，有兩

件事可能對人類文明有極大的挑戰。一是對道德標準的重新規範；換句話說今日的「非」可能是明日的「是」。

另一則是人類創造的人工智慧可能對人類社會有不可預知的衝擊。

以前的科學是利用自然界的資源來改進人類的生活，道德規範以及對社會的責任都是界定的非常清楚，但是現在科學的進步已經可以改變自然界的基本法則，突破自然的界限來改進人類的生活。現有的道德規範應因科學技術的突破，應該有所調整，例如克隆生物體，或者改變人類精子和卵子的基因。現在因為技術的還沒有達到完美地步，所以在道德規範上，都還不能夠用在人類。將來總有一天技術方面可以達到完美，是不是就真的可以用在人類？因為「人」除了身體之外還有其他更多的人之所以成為人的因素。將來在道德規範的演變方面，是一個值得深思的問題。

人類的智慧包括學習知識、記憶，然後以邏輯從記憶中找出與決定有關的知識，再加上創新與靈性，而後作出最佳的決定。現階段的人工智慧除了創新與靈性外，在有些方面已經優於人類的智慧。AlphaZero 與 AlphaGo Zero 就是很好的例子。最近ChatGPT的出現，人工智慧更向前走了一步。在Yuval Harari的書《人類大命運：從智人到智神》（*Homo Deus*）中，指出人工智慧的發展對人類文化及社會已經產生無可相比的衝擊。下一步，我們是否應該將人工智慧向具有創新與靈性的方向發展？這既不是道德或者法律可以規範的。再者，人工智慧繼續發展下去，成為複雜系統（complex systems），很可能會自然產生創新與靈性的能力。人類沒有決定與否定的可能性。屆時，人類將如何面對？

最珍貴的禮物：2015年在何教授的七十歲生日時，Team Ho第一代的五十九位學生與第二代的一百八十九位學生贈送的學術家譜。

結語

個性化醫學是一個「無中生有」的領域，必須先捨去傳統演繹法的思想方式，才可以發現複雜系統的通用轉遞函數。何院士感嘆，建立個性化醫療的研究，讓他有機會能治療病患且維護病人生命，同時也完成母親的遺願，這是他一輩子最值得珍惜的寶貴經驗。

最後，何院士回顧自身的研究生涯表示，自己非常幸運遇到所有合作過的研究團隊，也特別感謝Team Ho的成員，團隊中每位年輕人都會樂觀的、無畏的接受一次又一次艱鉅任務，並且能夠同心合力堅毅的面對挑戰，共創輝煌。

（訪：梁恩維／文：梁恩維）

臺灣生物統計學者

梁賡義院士

梁賡義院士

簡 歷

● 訪談時任職
　國家衛生研究院院長

● 當選院士屆數
　第24屆（2002年，生命科學組）

● 學歷
　國立清華大學理學院數學系學士（1973）
　美國南卡羅萊納大學理學院統計所碩士（1979）
　美國西雅圖華盛頓大學公衛學院生物統計所博士（1982）

● 經歷
　美國約翰霍普金斯大學公共衛生學院生物統計學系助理教授（1982-1986）
　美國約翰霍普金斯大學公共衛生學院流行病學系合聘教授（1984-2010）
　美國約翰霍普金斯大學公共衛生學院生物統計學系副教授（1986-1990）
　美國約翰霍普金斯大學公共衛生學院生物統計學系教授（1991-2010）
　美國約翰霍普金斯大學公共衛生學院生物統計學Graduate Program
　　主管（1996-2003）
　國家衛生研究院副院長（2003-2006、代理院長（2006.01-06）
　國立陽明大學校長（2010-2017.11）
　國家衛生研究院院長（2017-2022）

● 研究專長
　生物統計學、流行病學

● 重要成就、榮譽

美國統計學會（American Statistical Association）Snedecor Award （1987）

美國公共衛生學會（American Public Health Association）Spiegelman
　　Award （1990）

美國統計學會會士（1995）

美國公共衛生學會Rema Lapouse Award（2010）

世界科學院院士（TWAS 2012）

國際統計學會（International Statistical Institute）Karl Pearson Prize（2015）

美國國家醫學院院士（2015）

美國約翰霍普金斯大學Heritage Award （2016）

美國約翰霍普金斯大學Elected Member, Society of Scholars （2016）

美國西雅圖華盛頓大學公衛學院傑出服務及成就Changemaker校友
　　（2020）

梁賡義院士於2022年10月5日接受採訪。

　　「其實人與人之間的誠信非常重要，唯有每個人做到誠實與
　　相信，才能擁有一個說實話的場域，不用分心害怕背後可能
　　的隱憂。」

　　梁賡義院士為享譽國際的生物統計學者，大學畢業於清華大學
數學系，並分別於美國南卡羅萊納大學以學院統計所及美國華盛頓
大學公衛學院生物統計所獲得碩士及博士學位。主要專精於生物統
計學與流行病學，在1986年與Scott L. Zeger教授提出往後生物統計
中經常使用的估計方法——GEE廣義估計式（Generalized estimating
equation, GEE）。獲得過多項統計及公共衛生領域獎項，曾於美國
約翰霍普金斯大學、國立陽明大學任教，受訪時任職於國家衛生研
究院擔任院長。

幼時的數學啟蒙

　　梁賡義院士從小就對數學特別感興趣，他回憶，從小覺得數字
蠻有興趣的，而且有很好的掌握度，當時學校請了一位老師教同學
心算，而梁院士在不到十歲的年紀，憑藉著對數學的喜愛與天份，
經常可以在課堂上答對老師出的題目，進而增加學習的自信心，更
為確信自己喜歡的方向。

　　老師可以幫同學把一科學門從有興趣變成沒有興趣，也可以把
沒有興趣變成有興趣。除了小學遇到的好老師之外，到了初中、高
中碰到的老師更開啟梁院士對數學的好奇心，也讓他擁有嚴格、公
正的治學態度。因此，梁院士回想過往並感嘆，一位好老師的重要

性，正是讓他能夠一直保持著對數學的興趣的關鍵。

彼時聯考標準很高，為了將前端同學做出區隔，許多題目涉及的知識艱深，加上算分方式也與現今的學測不同，數學考科上有占比極高的計算題與倒扣機制。院士謙虛的表示，雖然後來考取清大數學系，但其實當初聯考時數學成績是六科中考的最差的。梁院士分享，考試和平常接受的教育方式、吸收知識的方式不太一樣，雖然成績沒那麼好，但並沒有因此打擊到其信心，「每個人都有經驗會剛好失常的時候啊！」梁院士笑著說。

純數學到生物統計的改變

民國60或更早年代當時出國讀書、繼續鑽研學問的風氣並不盛，數學系的出路相較電機系等我們熟知的科系而言出路並不廣，大多數學系畢業的學生會選擇考高普考進入公務員體系，或是在讀時修個教育學分後去當老師。梁院士畢業後，正好東吳大學數學系系主任與梁院士的大學班導師相熟，而系主任對清大數學系的校友印象都很好，剛好有職缺的時候便詢問梁院士的班導師有沒有同學有興趣過去幫忙當助教，也是這個機緣巧合，讓梁院士再度碰到大四時就很感興趣的統計學領域。

及後在美國南卡羅萊納大學攻讀碩士的這段時間，梁院士多次參與研討會，聽到許多國際學者分享他們的研究心得，默默學習他們的研究成果。在研討會中讓院士印象深刻的是有關「存活分析」的領域。梁院士解釋，存活分析是一種統計方法，現今廣泛應用於生物醫學研究上。當藥物研發出來後需要臨床試驗，這時就會徵集

一群有相同病症的病人，分為兩組做對照，讓一組病人使用新型藥物，另一組病人則給予所謂的安慰劑，紀錄兩組人員的健康情況，看看藥物是否有讓病人活得更久、更健康或壽命更長。這種實驗方式需要長時間的觀察及紀錄，但藥廠開發不希望花費太多時間等待結果，因此存活分析就是用來解決這些問題。

1979年梁院士在美國南卡羅萊納大學攻讀統計碩士，和當時的未婚妻高永銖合照於校內。

在眾多與存活分析有關的研討會中，一位時任西雅圖華盛頓大學的生物統計系的教授常常被提及，這位學者在梁院士心裡留下了深刻的印象，並於攻讀博士時慕名而去，找到這位教授作為指導教授。

攻讀路上的阻礙

梁院士提到自己的家裡經濟並不算是特別富裕，因此決定出國

讀研究所之時，必須找到提供獎學金的學校，這是在申請過程中第一個遇到的阻礙，卻也是最為實際的問題。梁院士說：「可是我大學成績沒有很好。大學時期玩得很多，參加很多活動，導致成績沒有特別好。但是很幸運的，剛好就有一所學校收到我寄出的信並回覆願意給予獎學金。」這就是後來梁院士所就讀的美國南卡羅萊納大學。

輾轉到了美國，身處異國人生地不熟，很快遇到了第二個問題──英語溝通能力。其實剛到美國的梁院士已下定決心要認真學習英文，不只是為了目前的學業，更是為了自己研究之路的發展，因為英文作為科學界語言，只要英文好，不只閱讀理解文獻更快速和便利，連撰寫報告、發表研究成果等等也能更有優勢。

身為獎學金學生進入南卡羅萊納大學數學系必須選擇當老師的助教，幫忙改改作業及考卷，或是協助任教大學的微積分課程，因為該大學的微積分是校際必修課程，但老師數量並不足夠，因此會邀請有能力的研究生協助教授微積分。對於臺灣大部份留學生而言，改考卷是相對容易的事，但梁院士卻選擇試試走另一條路。梁院士表示，大學時所讀的教科書雖然都是英文的，閱讀無礙，可是用英文講解則是另外的艱鉅挑戰，這是個強迫他學習的機會。梁院士還會鼓勵自己多問問題，尤其要臨場將中文思考轉為英文思維，再以英文禮貌而準確地求問，雖然是很不容易的事情，但帶給了他很大的進步與成長。

另外的挑戰，是可能遇到的種族歧視問題，梁院士說：「只要外表看起來就是東方人，不管講話再怎麼純正，這都是一定都會遇到的問題。我們能做的就是對自己的要求更高一點，並且敢於指出

對方的不對，因為如果你不敢表達的話，就是接受，那就是間接認同他們這樣的歧視想法，因此面對歧視是有選擇權的。」

如今梁院士很感謝在美國的這段經歷，讓他有機會成長，他認為美國這個大熔爐其實是能接納不同的聲音，現在亞洲人也在慢慢的覺醒，開始有更多的參議員、眾議員，人們彼此間也變得更加團結。

課業、朋友與活動

誠如前面所提，梁院士的大學生活十分豐富多彩，除了必要的課業活動外，還積極參與各種各樣的社團。他從小就喜歡運動，上了大學後總是組織班上其他幾位喜歡打球的朋友去籃球場揮灑汗水。假期時，往往早上打球，晚上回宿舍打橋牌，甚是快樂的大學時光。不僅如此，梁院士也投入學校的爬山、足球比賽等等體育活動，甚至是當上清華大學的代表隊與隔壁的交通大學進行梅竹賽。

到了美國念研究所時，梁院士還是維持著熱愛社交的個性，加入類似於現在留學生會有的交流會──中國同學會，那時候中國大陸還沒有太多人到海外留學，協會裡大多是臺灣學生，彼此互相照顧，像是會到機場幫同學和學弟妹接機、協助組織一同開車去買菜和採購生活用品，以及舉辦各種社交活動。

梁院士在自己擔任陽明大學校長的時候，也積極鼓勵同學多參加社團活動，因為這些活動在大學生活中具有十分重要的意義，雖然與學習成績無關，但是大學是一個學習如何與人互動、相處、尊重的絕佳場域，更是一個人從校園進入成人世界的重要轉捩點。

中外教育環境的差別

由於梁院士出生並成長於臺灣，後來他的孩子則是在美國長大，在觀察美國與臺灣教育現場的差異，他認為美國教育讓當地民眾發展出有兩大重要特點——獨立思考與守法精神。

舉例來說，在美國從小學開始就要試著看書寫評論，這篇評論不只是描述這本書的內容，也要有自己的看法。在這個過程中培養的是不人云亦云的思考模式，學著表達自己獨立的想法，他們的教育也鼓勵學生挑戰被教授的知識，提出疑問，而非將老師的話照單全收。至於守法精神，則與獨立思考是相輔相成的，獨立思考、抱懷疑精神的同時，他們還是有意識每個人都是社會的一分子，尊重並遵循一定的限制，雖然美國的確是個十分自由的國家，但大家在關鍵時刻還是會非常的遵守規矩，極具守法精神。

相對來說，臺灣的教育比起美國的更注重「分數」，尤其是這些評分的制度，會讓學生變得斤斤計較，盲目追求高分，這也導致因為過於在意分數，反而讓學生們不太敢回答、不敢有自己的思維、不敢提問，這種害怕和擔心出錯的心情就會不知不覺中抹殺掉寶貴的創造力。

梁院士意識到臺灣教育的問題，因此在陽明大學擔任校長的期間，著手將成績評分標準由原先的分數制改為ABCD的等第制。他解釋，成績雖然在某程度上可以反映學生對這門課的了解程度，但是考試是考察對於知識的理解，並不是對於各種能力的運用。而且考試只能測試當下的值，但是人是會進步的，因此更不用太在意及強調那一刻的分數。大學更應該要培養各種能力，學會運用這些能

力，不單純只是書中知識的吸收及表達。

人生中的重要導師

在梁賡義院士的求學生涯中有幾位非重要的導師，第一位是大學導師徐道寧。大三那年，他經常打球，有次身體勞累過度導致感冒，只簡單去診所打了針，結果回去後身體更不舒服，便趕緊到大醫院檢查，結果發現得了A型肝炎。梁院士當時決定回家休養，由母親負責照顧。但那時徐道寧老師察覺到不能長此下去，便到梁院士家裡探訪，並告訴他如果繼續長期在家休養的話，除了可能會影響學期成績，進而可能導致休學，甚至是退學。因此提議讓梁院士住在自己家，有專門的阿姨做飯，飲食比較有保障，也可以重返校園跟上課業。雖然梁院士經過諸多考慮之後，沒有住進導師家裡，不過每天都會到導師家裡吃飯，在健康飲食下亦漸漸康復，他多年仍念念不忘徐老師當年的照顧。

梁院上對徐老師充滿感恩並表示，如果當時徐老師沒有提供幫助，提醒他應該要回去學校，往後的人生可能完全不一樣。這段溫暖的經歷，讓梁院士後來遠赴美國教書工作，格外關心臺灣的留學生，每逢感恩節、聖誕節，往往邀請他們到家裡一起吃飯，即便在異國他鄉也能感受到家庭的溫暖。梁院士也認為後來朝往公共衛生領域發展，期待對社會有所貢獻，有很大部分也是影響自徐道寧導師的身教。

第二位影響梁院士重大的老師，是讀博士時的指導教授諾曼·布雷斯洛（Norman Breslow），他是生物統計界的泰斗，而讓梁院

梁院士在2014年去西雅圖探望在華盛頓大學唸生統計博士的大兒子梁兆綱，及後與大兒子一起去拜訪梁院士當年的指導教授 Norm Breslow。

士的感到影響重大的原因，同樣是來自這位老師的身教。如此知名的學者在教授的生涯中，卻只收過十幾位學生，他的要求十分嚴格，門下的學生必須自己找研究題目。雖然他自身也是很忙，但依舊要求每週與學生見面討論，從旁幫助學生完成他們的博士論文。

後來，由於梁院士研究的範圍比起當初更為廣而深，布雷斯洛教授認為沒有能力繼續指導，便推薦另一位導師，也就是梁院士遇到第三位的良師羅納德·派克（Ronald Pyke）教授。

派克教授當時是西雅圖華盛頓大學數學系的教授，他對梁院士那時正在進行的論文非常感興趣，剛好時值暑假，派克教授說他不是每天到校，就把家裡的電話號碼給梁院士，如果梁院士有需要想找他討論的話，可以儘管打電話給他，他就會到學校來，這樣的老師大概是東方學生無法想像的。梁院士在論文完成後邀請布雷斯洛教授及派克教授當共同作者，但兩位教授都拒絕在共筆處加上名

字，只因他們都謙虛的覺得自己並沒有對梁院士的論文提出多大的貢獻。梁院士表示，他從兩位恩師身上看到十分偉大且無私的行為，是讓他想效法的典範，因此，後來他到約翰霍普金斯每遇到年輕的教授，也會想著如何能夠給予提拔與幫助。

另外，梁院士在約翰霍普金斯教書的那幾年中，有一年去參加了美國生物統計的年會，在前面講課時驚訝地發現這位曾經的博士指導老師竟然也在台下聽講，這種活到老學到老的學習態度，對梁院士的影響也頗深。

方程式的提出

1986年，梁賡義院士與Scott Zeger教授共同提出了「GEE廣義估計公式」，用於探討多次、重複測量的病患研究。這個研究背景是梁院士在約翰霍普金斯教書時，當時有個研究是要分析許多位媽媽寫的日記，日記內容是記錄每天小孩子是否生病、媽媽自己是否壓力很大、是否因為自身壓力大造成小孩子的病況等等，每一個人都記錄了30天，但研究者不知道該怎麼分析這種多次重複的病患數據，因此來找了生物統計系的系主任，系主任則找上了當時身為系內教授的梁院士和Scott Zeger教授。

梁院士和Scott Zeger教授兩人研究方式在這項研究上剛好是互補的，梁院士研究的是疾病的危險因子，不是0就是1；而Scott Zeger教授研究的是臭氧對人的影響，每天去抽樣研究，並且數據是一個連續的數字，有升有降。梁院士沒有碰到這種每天需要測量數次的情況，Scott Zeger教授則是沒有碰到單純紀錄0跟1的情況，

所以剛好兩人合作，貢獻自己研究的模式和方法，彼此截長補短，終於成功在1986年提出了GEE廣義估計公式，還在30年後獲得了卡爾皮爾遜獎的提名。

GEE廣義估計公式簡單來說，就是以過去的統計數據來估計未來情勢。以體重和身體糖分比關聯性為例，一般統計的方法是找出一百個人，分別測量體重並觀察攝取的糖量，兩個數據就可以畫出一條趨勢線，如果兩者有線性關係，就開始估計斜率，斜率越高表示關係越強。而這種統計方式的問題在於每個人年齡、身體狀況等等都有所差異，然而如果可以利用自己與自己過往數據比較，才是最精準的，因為種種複雜性存在，GEE就是衍生出來的解決方法。

思覺失調的研究

梁院士與Scott Zeger的研究告一段落之後，各自朝往不同的研究方向，梁院士開始投入「遺傳」領域，所以後來的研究都是跟遺傳相關的疾病危與險因子有關，更是接觸到思覺失調的研究。當時，梁院士參與的思覺失調的研究計畫主持人是一位女性，他們是相當要好的朋友，也是她讓梁院士的學術生涯有機會打開另一扇門，走進精神疾病的領域，並且對於精神疾病造成的社會問題有更多的認識。

梁院士十分很佩服她的研究與精神，更可貴的是她對自己對研究的品質的要求非常高，尤其當年是處在具有性別歧視的環境之中。梁院士解釋，約翰霍普金斯大學在眾多醫學院裡面，是當時美國最好的一間大學，因為當年的社會風氣對女性還是有一定程度的

2014年梁院士和夫人高永銣回西雅圖華盛頓大學，以陽明大學校長身份拜訪該校校長，並爭取名額送陽明醫學系同學至該校醫學院做短期見習，以開拓視野。背景為該校的總圖書館，座落於有名的「紅場」（Red square）之上。

歧視，如果身為女性而且不是醫生的話，經常處處吃虧，可是她沒有為了盲目追求升等而降低研究品質，依舊對自己及研究有著極高的要求。治學的嚴謹態度讓梁院士敬佩不已，並認為是科學家的典範。

高等教育的期待

梁院士從1982年開始，為了申請到美國綠卡以成為合法永久居

民，一直沒有回到臺灣，後來終於在1984年領取綠卡，此後便開始每年都固定回臺。梁院士抱持的態度很簡單，因為臺灣是他出生長大的地方，一定要回饋臺灣社會。抱持著這樣的想法，到了1986年他的研究成果在國際嶄露頭角，隔年中研院的生物醫學研究所成立，從此以後，幾乎每個暑假梁院士和同事都會舉辦一些研討會，希望可以把國外的各種新知，傳播給更多這個領域的人知道，並對社會加以貢獻。「我覺得很高興，每次都很多人來聽，能夠把最新的發現帶給臺灣。」梁院士滿足的說。

除了傳播領域新知，梁院士在看到臺灣的高等教育後，十分的關切，決定投入心力想改善臺灣的高教。他說：「臺灣社會太過強調排名，也沒有想過排名的意義為何，通常排名指標都以研究為主，幾乎沒有指標是跟教育、教學有關的。」他坦言對於教育感到有些可惜，認為臺灣因為過度重視排名諸如SCI等等的世界大學排名名次，而忽略了教育的本質，尤其是大學部的教育。因為大學是一個人蛻變的跳板，從懵懵懂懂到進入社會的這個階段其實很重要，所以梁院士期許自己回到臺灣之後，可以在教育領域付出貢獻，並希望臺灣的教育能更注重學生學習本身，而不只是研究做出來的結果。

擔任國衛院院長的付出

梁院士除了擔任陽明大學的校長，不遺餘力推動教育之外，更於2017年擔任國家衛生研究院第六任院長，為政府提供專業的公共衛生政策的建議。梁院士解釋，一般來說國衛院的研究是實行於公

衛政策層面，另外的責任則是當國家有難的時候，協助政府解決問題。像是近年的新冠疫情，在2020年初的時候開始感染，最初嘗試用「瑞德西韋」來治療，而且看似有效，因此當時國衛院開始跟生物制劑研究所合成「瑞德西韋」。在15天之內就看出成果，透過記者讓大眾知道政府可以做得到，安定民心。

梁院士表示，當時疫情爆發之後，國衛院知道快篩試劑與疫苗是遲早要面對的問題，

梁院士在陽明大學校長任內，每年六月主持全校畢業典禮，並身穿西雅圖華盛頓大學畢業袍留念。

所以立即跟疫苗研究所、跟國防醫學院合作發展快篩試劑與研發疫苗，其中有兩株疫苗都已經通過試驗，可以投入使用。梁院士帶領國衛院協助學界跟產業界從事快篩或者疫苗的實驗，對於臺灣的公衛體制扮演重要的角色，為社會的福祉有著巨大的貢獻。

臺灣公共衛生的未來

梁賡義院士認為，臺灣的公共衛生具有不錯的實力，在國際也享譽盛名，譬如這次的新冠肺炎疫情，臺灣能有效的控制確診數量控制，因為經過呼吸症候群的流行病的經驗，大部分民眾是能夠接

梁院士於2015年被選為美國National Academy of Medicine（美國國家醫學院）院士，翌年去華府接受證書，室內大廳高掛中華民國國旗在正中央。

受戴口罩、勤洗手的宣導措施。在這種大型疫情之下，要控制病毒在社區中增加的速度，除了指揮中心需要下達準確的命令，大眾的配合也是十分重要的一環。

現今，臺灣公衛體制面臨的其中一個問題便是數據的處理。自從2020年新冠疫情爆發，各國都展開大規模的多平台合作，包括即時統計感染者數據、病毒蛋白質結構分享、實時監控等等，利用大數據和AI投入研究中。2021年經濟學人發布的亞太區個人化精準醫療發展指標中，臺灣獲得亞軍，卻在國內引發正反兩方的歧意。反

對聲浪認為個人生物資料屬於資安與隱私，但學者從公共衛生角度而言，運用這些資料能夠更好的發展製藥，加速藥物的開發，可以增加全體福祉。

梁院士認為，大數據是一把雙面刃，現行的健保法規尚有可以改善的空間，使用生物資料是好的，但或許目前的處理方式並不是那麼恰當，還需要數年的努力將法規修改得更加完善。

誠以待人，互信互敬

「誠以待人，互信互敬」是梁賡義院士給自己的一句話。他舉例，近年參與防疫與疫苗採購等事務，要跟英國公司的談判，從一開始完全不認識，到現在能夠和諧互助，其原因正是來自互信。因此梁院士認為，其實人與人之間的誠信非常重要，唯有每個人做到誠實與相信，才能擁有一個說實話的場域，不用分心害怕背後可能的隱憂。最後，梁院士也以「誠以待人，互信互敬」勉勵各位年輕學子。

（訪：王誌延、蘇立姍、陳盈霓／文：陳思萌、梁恩維）

尋找凝集素的點燈人

劉扶東院士

劉扶東院士

簡 歷

● 訪談時任職
　中央研究院副院長

● 當選院士屆數
　第29屆（2012年，生命科學組）

● 學歷
　國立臺灣大學化學學士（1970）
　美國芝加哥大學化學博士（1976）
　美國邁阿密大學醫學院醫學博士（1987）

● 經歷
　美國伊利諾大學化學系研究員（1975-1977）
　美國斯克里普斯醫療中心細胞及發生免疫學系研究員（1977-1979）、
　　助理教授（1979-1982）
　美國拉霍亞醫療生物研究院副教授（1982-1987）、教授（1987-1990）
　美國斯克里普斯醫療研究中心實驗醫學系過敏研究部門副教授
　　兼主任（1990-1996）
　美國拉霍亞過敏及免疫學院過敏部門教授兼主任（1996-2001）
　美國加州大學戴維斯分校醫學院皮膚系教授兼主任（2001-2011）、
　　特聘教授兼主任（2011-2012）、名譽特聘教授（2012-迄今）
　中央研究院生物醫學科學研究所特聘研究員（2010-2018）
　　兼所長（2010-2017）
　臺灣人體生物資料庫計畫總主持人（2012-2018）
　國立陽明大學醫學院臨床醫學研究所兼任教授（2011-迄今）

國立臺灣大學醫學院兼任教授（2011-迄今）

臺灣研究皮膚科醫學會理事長（2015-2018）

國家衛生研究院董事會董事（2016-2022）

中央研究院副院長（2016-2022）

臺灣免疫學會理事長（2018-2021）

●研究專長

過敏、免疫、醣類生物學、皮膚學

●重要成就、榮譽

美國國家衛生研究院過敏免疫研究計畫評審委員（1985-89）

美國臨床研究學會選任會員（1988-迄今）

美國國家衛生研究院免疫及移植研究評議委員（1993-97）

臨床研究雜誌副編輯（1993-97）

美國醫師協會選任會員（2004-迄今）

美國皮膚醫學評議委員會委員（2004-迄今）

加州大學戴維斯分校Joan Oettinger紀念獎（癌症及肺病研究）（2005）

皮膚科學雜誌專項主編（2005-18）

過敏免疫臨床評論雜誌編輯委員（2005-迄今）

臺灣皮膚科醫學會呂耀卿紀念獎（2006）

醫療食物雜誌編輯（2007-迄今）

過敏及臨床免疫雜誌編輯委員（2008-迄今）

美國皮膚科學會選任會員（2011-迄今）

臺灣皮膚科醫學會榮譽會員（2011-迄今）

美國科學促進會選任會員（2013-迄今）

高雄醫學大學講座教授（2013-迄今）

實驗皮膚學雜誌編輯委員（2013-2022）

中國醫藥大學講座教授（2014-迄今）

慈濟大學講座教授（2015-迄今）

伊朗花剌子模國際科學獎（2015）

中央研究院錢思亮院長講座（2016）

醣生物學雜誌編輯委員（2016-迄今）

斐陶斐榮譽學會傑出成就獎（2017）

義守大學兼任特聘講座教授（2017-2023）

IUBMB Jubilee Lecturer at the Glyco 25 International Symposium (2019)

財團法人傑出人才發展基金會傑出人才講座（2019-2022）

臺北醫學大學講座教授（2019-迄今）

美國國家發明家學院院士（2019-迄今）

劉扶東院士於2022年11月3日接受採訪。

「有時候不知道會發生什麼，反而才得以改變；正是因為有很多未知，才能脫離層層框架的束縛，並且將改變自己的想法做為推動成長與進步的原動力，隨時充實好自己的實力，靜靜的等待機會降臨，也要擁有改變的勇氣，機會一來到，自然而然就改變了。」

2022年底從中央研究院副院長職位卸任的劉扶東院士，大學畢業於國立臺灣大學化學系，後至美國深造，依序取得芝加哥大學化學博士及邁阿密大學醫學院醫學博士，學經歷豐富，跨足多項領域也都取得傑出的表現。專長為過敏、免疫及皮膚學的基礎原理與應用，是首位發現半乳糖凝集素3號（galectin-3）的學者，在半乳糖凝集素領域扮演著先驅領導的角色。

劉院士曾獲多項國際學術榮譽，包括：美國醫師協會選任委員，中央研究院第29屆院士，美國科學促進會選任會員，並於2015年獲得伊朗花剌子模國際科學獎，及2019年獲選美國國家發明家學院院士。

懵懂未明的選擇

劉院士從小喜歡讀書，卻因為升初中時的聯考失利，只進了成功初中夜間部，不過靠著努力學習，便一直維持第一名的好成績，直升成功高中資優班。就讀高中後，院士依舊視讀書為樂趣，並且在最後升學時以優異的好成績保送臺大化學系。

1965年，劉院士（右）就讀成功高中時與兩位同學合影。

　　問及為何劉院士選擇化學系，院士分享到其實高中時大部分學生們對未 的職涯選擇不甚瞭解，無法具體說出科系、領域真正在做什麼，現在炙手可熱的科系如工程、資工在當下也沒有想過。在高中三年的學習生涯，理科中最感興趣的是化學，也自認化學是那時最好的選擇，因此儘管師長都勸說往醫學領域走，劉院士依舊獨排眾議堅定的選擇了化學系。

　　進入大學的劉院士埋首於知識中，那時候的大學生活比較單純，「也許有些社團吧，但是我也沒有加入，光唸書就夠忙了，所以還是以唸書為主。」院士笑著回答。雖然也有些愉快的課外活動，彼時還是將身心都投入唸書學習中。在大三那年來到了他人生的轉捩點，透過選修生物化學這門課，激起劉扶東院士對於生物學的喜愛，也為接下來出國念研究所攻讀博士學位及未來感興趣的專業方向埋下種子。

1969年，劉院士（右四）在大學時進入楊昭華教授實驗室，並與其他成員在臺大校園合影。

走進醫學的契機

　　早年大學畢業後想要深造的話，除了出國似乎也沒有其他選擇，因此大部分同班同學選擇了出國進修這條路，劉院士也不例外。聽院士說起才知道，美國芝加哥大學十分喜歡臺大化學系畢業的學生，很多畢業的學長在芝加哥大學，理所當然也成為了他的選擇之一，而芝加哥大學很快就接受他的申請；此外，當時院士已經訂婚了，未婚妻就讀的是隔壁印第安那州的普渡大學。綜合考量下，最後選定了芝加哥大學攻讀化學博士。在芝加哥讀書的四年，雖然選擇的指導教授盡量靠近了自己的興趣生物化學，但還是離不開有機化學。在這期間劉扶東院士確定自己不會在化學這領域繼續走下去，因為自己更嚮往生物學的研究。

在交通不算順暢發達的當時，劉院士在赴美留學的六年後返回臺灣探親，回到臺大找到以前的導師楊昭華教授敘舊，同時提到自己今再往化學方面發展並表示對生物學的嚮往，也是這次的談話給予當時的他一盞明燈。言談

1974年，劉院士在美國芝加哥大學攻讀博士時，在指導教授楊念祖院士的實驗室進行研究。

間楊教授建議他往免疫學方向嘗試看看，劉院士回憶，現在還記的非常清楚當初楊教授跟他說的那個原因，由於劉院士的父親在臺大擔任獸醫系的主任，因此自己從小耳濡目染就有醫學方面的基礎，所以教授建議劉院士可以考慮研究免疫學。於是他隔天立刻去買了免疫學相關的書籍閱讀。讀完之後，劉院士心想：「哇！這太有趣了，必須決定改變方向，要改成研究免疫學。」劉院士語帶興奮的和我們分享當時的心境。

此外，他在美國伊利諾大學的指導教授也同時幫忙引薦至加州聖地牙哥附近的斯克里普斯研究所（The Scripps Research Institute），一所世界著名的生物醫學研究中心，是當時在免疫學領域中最有研究成果的機構。劉院士在這間研究中心，正式轉跑至免疫學；同時斯克里普斯研究所主要是以醫學研究為主，更是由於這段經歷，讓劉院士決定要再去攻讀醫學博士學位。

彼時，只有邁阿密大學有提供非醫學的本科生攻讀醫學博士的

1979年，劉院士（前排左二）正式成為斯克里普斯研究所細胞及發育性免疫學系教職成員，攝於1979年7月系 全體教職成員合照。

機會，只要擁有數理工程博士學位就可以去就讀，並可以在兩年取得醫學博士學位（不過後來這學程只開辦到了第20屆，因為某些困難就沒有繼續延續），這對當時的劉院士來說是一個非常貼合他想法及需求的機會。更巧的是，院士有兩位同屆的臺大化學系同學是這個學程的畢業生。其中一位剛讀完博士就去攻讀，另一位則是以博士後的身分就讀，正是他兩人極力鼓勵劉院士申請。決定好方向後，便是靜靜的等待成熟時機，劉院士如願收到通知而順利入學，開始在邁阿密大學的兩年醫學生的歷程（那時他的工作已轉到另一個聖地牙哥附近的研究所Medical Biology Institute）。

此後劉院士繼續臨床訓練而選擇了皮膚科，在加州大學聖地牙

哥分校皮膚系做住院醫師，努力一番取得了皮膚醫學臨床證照。

陰錯陽差的機緣

在攻讀醫學博士及做住院醫師的幾年中，劉扶東院士並沒有中斷在Medical Biology Institute及斯克里普斯研究所的研究，他很感謝這兩個研究所很支持鼓勵成員不斷學習的風氣，實驗室和經費都沒有中斷，給研究人員的彈性也很大。在皮膚科臨床訓練中也遇到貴人，知道劉院士自己有實驗室研究，也給他在臨床工作時程上有彈性，才使其足以兼顧兩邊。

當時劉院士研究的項目是免疫球蛋白E（IgE）過敏反應的研究。免疫球蛋白E與過敏反應高度關聯，舉凡花粉熱、異位性支氣管炎、皮膚炎等造成鼻涕、打噴嚏等過敏反應，都與免疫球蛋白E有關，這些過敏性疾病的患者檢查時都會發現免疫球蛋白E濃度升高。雖然現在對於上述已經知道得很清楚，但免疫球蛋白E與哪些細胞結合會產生過敏反應，與之結合的受體究竟是甚麼，是那時劉院士想研究了解的方向。「結果我去了解的時候找到另外一個東西會跟免疫球蛋白E結合，但並不是受體，之後才知道原來是個『凝集素』（lectin），在當時是一個全新的東西。」陰錯陽差的機緣下，導致一個家族的發現——半乳糖凝集素，激發科學家投入這塊新興的領域。

劉院士解釋，本來應該是要尋找免疫球蛋白E的受體為何，結果卻找到了另一個會與之結合的凝集素（lectin）。凝集素是一種

蛋白質，會造成其與周遭物凝集，凝集素在大自然中存在無數種，植物和動物身上都有，是一個很龐大的群體，分成各式各樣的種類。因此，與凝集素相關的研究非常多，但大多數凝集素到現在都還沒有找到真正的生理的作用。 而劉院士所找到的半乳糖凝集素便是屬於凝集素的一種。

半乳糖凝集素功用的發現歷程

起初，劉院士及其他學者們將半乳糖凝集素加到生物細胞樣本中，看看細胞會因此產生什麼反應，嘗試透過反應來推測半乳糖凝集素的運作功能。然而，不久後劉院士卻認為，問題不見得是這麼單純，因為細胞製造出的半乳糖凝集素大多繼續留在細胞 。關鍵的問題應該是，內源性半乳糖凝集素的功用？在細胞裡面是不是有其功用？

1996 年，劉院士的研究團隊成為第一個找到半乳糖凝集素內源性功能的團隊，但劉院士也發現這內源性功能與醣結合沒有任何關係，因此進一步想知道半乳糖凝集素是否會在細胞內與醣結合並產生功能？

後來才有學者發現，胞器或胞內體在某些情況下會破裂，此時胞器內部的醣就會裸露，讓半乳糖凝集素得以結合上去，進而調控某些細胞機制。劉院士的團隊也發現半乳糖凝集素-3 與 -8 有著上述機制中的功能。最近則更進一步發現，半乳糖凝集素在細胞 可與侵入細胞的病原體上的醣結合，而影響細胞對抗病原體的反應。

癌症、肥胖與凝集素

劉扶東院士還回答關於凝集素和肥胖、癌症等之間的關聯度，實驗中的確有關於某些病症與特定凝集素之間關連的案例，例如在實驗室將老鼠剔除某個特定凝集素－半乳糖凝集素-3，就發現牠比較不容易得到過敏反應；也有文章表示如果身體中沒有半乳糖凝集素-3較不易得到特定癌症，不過其實這種研究相當困難，因為是多少存在點推測的成分。

與肥胖有關的為半乳糖凝集素-12（galectin-12），是院士的團隊因緣巧合下做出的研究。劉院士解釋，現在我們人體的基因序列大家都知道了，最初基本基因序列出來的時候，是有兩個團隊成功，都把人體基因全都定序出來，一個是美國國家衛生院，另一個是私人公司，在科學史上這真的是非常重要的里程碑。

那時候還有另外一家公司也在做人體基因定序，而且也發現了一段基因好像與劉院士找到的半乳糖凝集素有關，因此詢問劉院士有沒有興趣一起研究，並寄出這段的基因給劉院士的團隊研究。最後，劉院士研究出了成果，將這新的蛋白質定為半乳糖凝集素-12，發現它表現在脂肪細胞並分布在細胞內的脂肪油滴周圍，可能與肥胖有一定程度關係。

如此，豐富的研究成果，成為臨床醫藥的新發展方向。目前已有生技公司著手研發半乳糖凝集素抑制劑（inhibitor），用以抑制細胞不正常的發炎反應，例如瑞典公司Galecto Biotech即以抑制半乳糖凝集素-3為目標，成功研發出小分子藥物（galectin-3 inhibitor, GB0139, formerly TD139）來對抗特發性肺纖維化（idiopathic pulmonary fibrosis）並且得到歐洲藥品管理區（EMA）及美國食品藥物管理局（FDA）核准。

除了半乳糖凝集素-3，劉院士認為，半乳糖凝集素-7、半乳糖凝集素-8、半乳糖凝集素-12都有可能進一步發展成可用的臨床藥物，因此若能組成專業團隊，加上跨領域合作，結合不同領域的知識與技術，相輔相成，應該會有更多的突破機會。

人體生物資料庫建置

劉院士曾於2012至2018年擔任臺灣人體生物資料庫總主持人，而時代雜誌於2009年將人體生物資料庫biobank稱為將改變人類世界的十大想法之一。這個資料庫的功能已經被談論了很久，其資料募集對象包含一般民眾的長期或特定時間觀察以及特定疾病患者，收集這些大量、豐富的生物檢體和資料於其中，以便交叉比對及進行研究。全球有不少國家都在進行人體生物資料庫的建置，最快做成也最有名的是英國的生物資料庫（UK biobank），其中包含約50萬個參與者，臺灣則在2012年成立，那時衛福部剛剛設置人體生物資料庫管理條例，有了政府經費的支持，因此著手進行整合，截至2022年有約20萬左右參與者。

問及劉院士在建立資料庫途中遇到的挑戰，院士提到法規繁雜的問題。由於建置人體生物資料庫需要從事人體實驗，必定要經過人體試驗倫理委員會（Institutional Review Board, IRB）的審核，同時資料庫內部也有一個審查機構——人體生物資料庫倫理委員會（Ethics Governance Committee, EGC），研究題目與操作過程都要

劉院士在2001年至2012年期間擔任加利福尼亞大學戴維斯分校醫學院皮膚科系主任，這是他與其他醫學院系主任約在2008年時的合照。

通過人體試驗倫理委員會的審查，其過程很嚴格，還得保證資料安全性。即使困難重重，但院士最後依舊很樂觀的表示：「挑戰的確蠻多，甚至有時候我都可以寫本書來講述過程的難題，但都是好事情，因為克服很多事情之後就越來越順利了。」

　　雖然肩負的責任很重大，面對巨大的挑戰，劉扶東院士還是認為人體生物資料庫是一個值得執行的好想法，也應該要好好鼓勵與投入，把真正的價值呈現出來，他認為，如果可以利用資料庫找到跟疾病有關的問題的解答，或者說能夠幫助生技產業的發展，這些社會大眾所關心的議題，都是很值得投入心力的志業。

東西文化下的不同教育方式

　　劉院士早期的研究工作都是在聖地牙哥附近的研究所進行的（除了上述的兩個機構外還包括現在免疫界聞名的La Jolla Institute for Immunology），這些研究所是以科學研究為主，而非以訓練研究生為主，所以劉院士認為自己在教學經驗上是比較少。然而他有經過醫學的訓練，如果有一間醫學院，除了可以做臨床研究，還可以從事教學，對劉院士來說必是一個難得的經驗。因此，他後來才轉到加州大學戴維斯分校醫學院擔任皮膚科教授及系主任。正是從這個時段開始，才有了正式的教學經驗。

　　後來更成為多所學校的特聘教授，輾轉在臺灣大學免疫所、陽明大學醫學院、中國醫藥大學、高雄醫學大學等等學校，大約一年授課數堂。

2010年7月20日，劉院士就任中央研究院生物醫學科學研究所所長，就職典禮後，劉院士（中）及其夫人（右）與李遠哲院長（左）相談時留影。

2012年7月，劉院士（左一）獲選為生命科學組院士。合照攝於2012年院士會議最後一天，包括：同屆獲選的謝道時院士（右二）及鄭淑珍院士（左四）、及當時任中研院副院長的彭旭明院士（左三），四人均畢業自臺大化學系。

　　被問及在授課生涯中是否有發現任何美國或臺灣的研究生或教育現場的區別時，劉院士舉例說明，主要的差異體現在選擇性而引起的動機和動力，臺灣的大學很多，幾乎大多數人高中畢業後都會選擇繼續升學唸大學；反觀美國，讀大學只是其中一項生涯選擇，部分人高中結束後，因為家庭、興趣或特定專業而選擇放棄繼續升學，攻讀研究所的則更少，而且很多美國大學生因為家裡人不一定會供給費用，都需要依靠自己打工賺取生活費與學雜費。在這種狀況下，能在大學甚至研究所遇到的都是真正有興趣投入該領域、充滿熱忱的人，也自然而然會更專心鑽研。

　　劉院士也更傾向臺灣能夠學習國外常見的直升博士制度，不一定要有碩士的學習過程，真的想做研究的學生，可以直接跳過碩士班而攻讀博士學位。因為當時劉院士攻讀芝加哥大學化學博士學位時，是四年一次讀完的，第一年就是單純選課，然後選教授，第二年開始做研究，到了最後一年匯聚研究成果，寫成學位論文或是發表文章。

　　綜觀在美國讀書與研究的經驗，劉院士給予現代年輕學生建議，在還沒確定自己興趣之前，不需要在一個領域花上過多的時間，拿到博士學位也只是一個過程而已，接下來要做甚麼還有機會可以改變，而這個世界的變化又太快、太複雜，學習的東西廣泛一點，並且可以多學一些其他領域的知識，才能夠與時俱進的發展下去。劉院士表示，像他從化學轉跑生化、免疫、皮膚醫學等領域，經過了幾個轉換的過程，但是如果在某一個階段花太長的時間的話，也許就較難有機會做這些改變而進入跨領域的研究。

2015年，劉扶東院士（前排左二）與其中研院生醫所實驗室的成員合影。

If you stand still, you will go backwards

　　對院士而言，研究最重要的動力是興趣，劉院士說：「我實在不能退休，與其說不能退休，不如說是我覺得在研究的過程中很快樂，享受其中的種種經驗，所以我不需要退休。」劉院士舉例，無論是在實驗中發現一樣新東西時、申請到一筆研究經費、成功發表文章都會感到很高興、很興奮。

　　即便不是每一個實驗都能夠順利進行，達到原先預想的目標；也不是每一次經費申請都能順利通過核發，文章更不是每一篇一送出就能被接受。劉院士認為，重新書寫與重新投稿都是很正常的。雖然每次申請經費的時候覺得自己寫得很滿意，一定沒問題，但還是會遭到現實的打擊及令人失望難過的拒絕，只能一再修改、一再申請，最後才能拿到，失敗與挫折在這個過程是很正常的。

　　然而就算成功獲得經費，但這些開心的事情最多只能維持兩三天，不久之後還是得回歸正常的研究生活，該做實驗繼續實驗，該寫的論文繼續卜筆，並不是時時刻刻都處在一個高頻的激動中。因此劉院士指出，興趣就是在這些普通的日常中，依舊能熱愛自己在做的事情。這正是劉院士的成功秘訣，找到興趣，讓自己努力不懈的追求，並在過程中發現樂趣、獲得激情。

　　「我們做研究，要看很多的專書與論文，而且都是自己領域的，所以我對文學比較沒有涉獵。」院士謙虛的說。但同時他分享了前不久看到妙佑醫療國際（Mayo Clinic）的前總裁說「Only thing permanent is change（唯一永恆的事情就是改變）。」因為好

2015年攝於伊朗德黑蘭，劉扶東院士獲頒伊朗花剌子模國際科
學獎。

2019年8月攝於義大利米蘭，劉扶東院士（右三）為國際醣生物學會議年度講者，並在講座結束後與夫人及同事合影。

奇而查閱了一番，發現這是古希臘一位哲學家的名言，世界一直在改變，只有透過不斷改變，才能夠跟進時代的變化。劉院士覺得這名言很有道理，他說明，就像科學的改變，技術層面的進步，已經跟早期差別很大，以前實驗及操控的方法跟現在完全不一樣，因此與時俱進、不停學習的想法，在這個時代特別重要。

劉扶東院士大學畢業於化學系，沿路摸索研究生物化學與免疫學，最後專精皮膚領域的醫學，在每一步都踏穩的同時，也不斷顯望遠方的未來。劉院士在最後和我們分享，有時候不知道會發生什麼，反而才得以改變；正是因為有很多未知，才能脫離層層框架的

束縛，並且將改變自己的想法做為推動成長與進步的原動力，隨時充實好自己的實力，靜靜的等待機會降臨，也要擁有改變的勇氣，機會一來到，自然而然就改變了。但是機會是留給有準備的人，只好準備好的人才能夠抓住改變人生的重要機會。因此，劉院士一直鼓勵學生觸及多元的領域，不要限制自己的發展，除了已知的本科系的專業知識，還能在未來找到更多未知的可能性，如同他走過的路，找到愛好，且成為之後所有努力的源頭。

（訪：許睿芯／文：陳思萌、梁恩維）

發展高階儀器與質譜儀的重要推手

陳仲瑄院士

陳仲瑄院士

● 訪談時任職
　國立中山大學氣膠科學研究中心榮譽講座

● 當選年屆
　第28屆（2010年，生命科學組）

● 學歷
　國立臺灣大學化學系學士（1969）
　美國芝加哥大學碩士（1971）
　美國芝加哥大學博士（1974）

● 經歷
　美國橡樹嶺國家實驗室研究員（1974-1989）、
　　資深研究員兼光物理研究組主持人（1989-2005）
　中央研究院基因體中心研究員兼關鍵技術專題中心執行長（2005-2016）、
　　特聘研究員兼主任（2006-2016）
　中央研究院原子與分子研究所合聘研究員（2006-2018）
　國立臺灣大學化學系合聘教授（2006-2018）
　國立中山大學氣膠科學研究中心榮譽講座
　臺灣質譜學會理事（2006-2022）
　國科會生技醫藥國家型科技計畫 資源中心及核心設施辦公室主任
　　（2011-2016）

● 研究專長

　物理生物科技

　發展新質譜儀

　生物分子脫出和游離機能

　微陣技術的發展

　生物奈米科學和生物奈米技術

　雷射夾偵測單一細胞反應

　雷射光譜和非線性過程

　新核酸排序技術

● 重要成就、榮譽

　美國物理學會會士（1995）

　研究發明獎（當年世界前100大發明）：

　　(1) 惰性原子計數器（1984）

　　(2) 石英雷射監測器（1987）

　　(3) 冷媒測量器（1992）

　中國北京清華大學榮譽教授（1996）

　財團法人傑出人才基金會傑出人才獎（2005）

　中央研究院傑出研究獎

　　（深耕計畫)（2006）

　2007年國際科學家獎（2007）

　美國科學促進會會士（2009）

　奈米醫藥編輯委員（2009）

　蛋白體學編輯委員（2012）

陳仲瑄院士於2022年12月10日接受採訪。

「我希望我的學生對於即將從事的領域具有高度的興趣，而且願意跨域合作以及有解決問題的動力，重點不在於具備多少專業知識，即使基礎物理、電子學等等知識對於研究很有幫助，但依舊不是最核心的關鍵，因為總有時間可以學習這些知識，但興趣與熱愛卻是成功的必要基礎。」

　　陳仲瑄院士，為中華民國中央研究院第28屆生命科學組院士。大學畢業後，赴美留學，潛心投入科學研究，多有建樹，享譽國際。曾任教於國立臺灣大學化學系，國立中山大學氣膠科學研究中心，亦主持過許多國家型研究計畫，建功卓越。生涯榮譽不計其數，如美國物理學會會士、財團法人傑出人才基金會傑出人才獎、中央研究院傑出研究獎、國際科學家獎、美國科學促進會會士等。

　　在國際化學界發光發熱的陳院士，高中時期居然熱愛文科，想以此為專業，而後卻踏上化學之途，發明及改良許多高階儀器，找到人生志業，勤懇投入研究至今。陳院士過去遇到什麼契機而選擇化學系、或是在研究生涯中有什麼深刻的經驗、或是在各種榮譽獎項之後有什麼不為人知的小故事，就讓我們從專訪當中一探究竟。

小時候的經歷

　　有人說：「好的童年治癒一生。」一段好的成長經歷，也許對於未來的職涯並沒有直接的關聯，但是依舊值得成長之後的我們回憶。陳仲瑄院士說，自己蠻幸運的，雖然以前家境並非富裕，但是

還可以獲得開心的童年。

陳院士有一個深刻的印象，從小到大幾乎沒有玩具，唯一的玩具是父親買的積木，剛買的時候讓他非常興奮，彷彿看到童年的曙光。陳院士小時候讀書的時候，成績一直保持不錯，對他而言似乎不是一件有壓力的事情，所以童年的大部分時間幾乎都在戶外嬉戲，而且那時他非常調皮，甚至到田裡偷其他人家的蕃薯烤來吃。陳院士說，雖然這些生活小事，與未來的研究並沒有太多的關係，但卻是人生一段很美好的日子。

陳院士回憶，由於小時候沒有玩具可以玩耍，所以彼時的願望是長大能夠設計玩具，幾十年過去，開始投入研究工作之後，在實驗室操作儀器就像玩玩具、研發儀器就像製作玩具一樣有趣，都是喜歡的事情。

就讀化學的契機

後來就讀初中之時，受到傳統教育影響，認為自己必須對人類社會做出貢獻，以天下為己任。高中時期，也沒有特別去補習，但成績依舊保持不錯。陳院士回憶，初中與高中其實不用功，沒有補習，考試只要能應付過去就好，每天都在圖書館看了很多小說、課外書籍。

初中的解剖課，實作解剖青蛙，讓陳院士知道自己未來不適合選擇醫學或是生物相關的科系，因為自己不喜歡看到鮮血，也不忍傷害動物。高中的陳院士喜歡文科，想要選擇文史類的科系，但父

母親的想法比較傳統，擔心未來的工作，便勸陳院士要朝往理科發展，若以科學為專業，還可以在閒暇之餘，研讀文史；反之，以文史為專業，卻不容易額外研究科學。這番話讓陳院士決定以物理系為第一志願。

連考成績放榜後，陳院士與第一志願臺大物理系的錄取分數差了兩分，最後就讀第二志願的臺大化學系。陳院士表示，當初選擇理科，尤其是分數比醫學系還高的化學系，與很多人一樣，是受到李政道、楊振寧兩位最早獲得諾貝爾物理學獎的華人的影響，一來覺得對職涯發展比較好，二來也是因為很少有文史工作者變成科學家的案例，所以改變原本想讀文史科系的夢想，從而就讀化學系。

以興趣為選擇科系的基礎

過去陳院士升大學的時候，也面臨選擇科系的困難，不過從現在看來，當初的決定對於未來生涯的發展具有關鍵的意義。陳院士以自身的經驗出發，分享選擇科系或職涯的決定，他認為，選擇科系，最重要的是以興趣為出發點，如此一來，從事相關職業與工作之時，方能激發出最大的能量。

陳院士說明，以達爾文為例，他之所以能能夠提出《進化論》，乃是源自對蟲類變化的興趣；如果當初他只考慮到未來的前途，或許就會放棄觀察昆蟲的熱情與執著，正是因為有了這份熱情與執著，才能成為一位歷史上極頂尖的科學家。但這並非表示，完全不用顧及現實層面，只對於某個特定領域具有瘋狂追求的衝勁，

而是可以綜合考慮，既考慮自身能力與興趣之外，也考慮國家社會
對某些專業人才的需求，如是，未來的職涯發展或許會更順利。

　　此外，陳院士還強調，如果真的對特定領域具有瘋狂的熱愛，
還是要以此為最優先的選擇，那些各行各業頂尖的成功人士，無非
都是極為沈迷於該領域，並付出無數心血之後，才有傑出的成就。
不論興趣是藝術、文學、歌唱或科學，都可以成為很好的職涯選
擇，不過一切的前提，在於內心的深處，是否具有狂熱般的喜愛。

求學階段的恩師

　　陳院士於臺大攻讀化學系，大三之時，在當時的系主任林渭川
教授指導開始做研究與寫論文，林教授常常告訴學生要跳脫出一般
人的特定思維方式，而且也鼓勵學生勇於嘗試而不畏懼挫敗。陳院
士回憶，彼時在實驗室，若實驗失敗，林教授就會讓學生檢討實驗
條件，做合理的修改再繼續嘗試，因為「失敗為成功之母」這句話
是有條件的，想要成功，就要在失敗的經驗上，認真地檢討失敗的
原因，進而慢慢修正到成功的方向，而不是盲目的重複原本的作
法。林教授的諄諄教誨，讓陳院士記憶猶新，對其往後的研究發展
有很大的啟發，也對為人處世態度有正面的影響。

　　後來，陳院士前往美國芝加哥大學（The University of
Chicago）深造碩博士學位，師從知名學者李遠哲教授做博士論
文。陳院士表示，李教授是他十分崇拜敬重的學者，尤其是處事待
人的態度，以及對於工作的嚴謹與認真，一天工作15個小時是常

態，這種努力的程度幾乎是無人可比；此外，李教授對於學生與助理的態度非常友善，從不苛責或是隨意發怒，因為李教授深知生氣是無用於解決問題的。身教不如言教，陳院士跟從李教授學習的幾年之內，將老師的身教深深印在腦海裡。

典範老師自身之學習態度

上述提到陳院士的大學老師以及博士論文導師，無論是在治學的嚴謹性，或是待人處世之道，對於他的影響十分深遠。陳院士認為，一個人在求學與職涯階段遇到的好老師或上司，潛移默化之下，往往可以改變學習的精神與態度，更容易獲得成功。

芝加哥大學有一位知名的物理學教授恩里科‧費米（Enrico Fermi），教導出來的學生有七位榮獲諾貝獎，像是李政道、楊振寧、等舉世聞名的科學家都出自其門下。陳院士表示，這些有巨大成就的科學家並不只是師從恩里科‧費米，跟他學習物理學而已，因為老師僅僅是一位好的引路人，更重要的是，能夠從恩里科‧費米身上，學到其做人、科研與治學的精神態度，而能啟發潛力，進一步發揮超群的創造力。

第一份研究工作學到的成功經驗

陳院士於芝加哥大學取得博士學位之後，前往橡樹嶺國家實驗室（Oak Ridge National Laboratory）擔任研究員，這是他的第一份工作，一待就是31年的時光。

剛到橡樹嶺的時候，陳院士就對第一位老闆印象深刻，陳院士解釋，剛剛認識這位老闆的時候，天真的以為他的生活很輕鬆，似乎對工作不是很用心，也沒有花很多時間讀論文，往往早上九點到辦公室之後，先換衣服去跑步，接著洗澡吃午餐，更是在下午三點左有的時候就下班回家；但若仔細觀察他的研究成果，其實極為可觀，像是觸控感應器（Touch sensor）的第一個專利就是他的，以此賺進超過千萬美元。

陳院士從第一位老闆的身上學到寶貴的人生課程，從他的成功經驗，可以看見兩個很重要的原因，其一，具有高度的樂觀態度，願意嘗試所有自己相信的事情，即使旁人都反對，但只要不違背科學基本原則，都是可以研發出來的，陳院士就以特斯拉創辦人舉例，就像伊隆・馬斯克（Elon Musk）的想法又何嘗不是？其二，善於與人合作，而且清楚知道自己的目標，這位老闆認識的朋友非

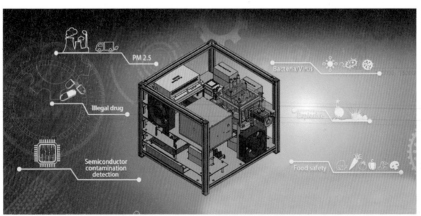

質譜儀的應用範疇十分多元，包括：PM2.5、病毒及細菌、毒品、爆炸品等的檢測，還可以協助檢驗及確保食物安全，連製造半導體時有否受到微量污染，都可以透過質譜儀進行分析研究。

常多，遇到問題的時候，往往可以找到朋友、夥伴討論與解決，但前提是要先願意跟朋友分享自己的目標以及成果，雙方信任的情況之下，才有合作的可能。

陳院士強調，這些態度與特質，不僅僅只能運用在科學界，而是各行各業都值得學習的楷模，放在各個領域都能是成功的要素。

質譜儀的研究與發展

陳院士為發展新型質譜儀的科學家，質譜儀是可以用來測量原子量與分子量的儀器，其運用之範疇十分多元。陳院士表示，當前的著重的發展目標，在於讓質譜儀的體積縮小與降低價格，望眼未來，希望可以縮小到跟智慧手機差不多的體積，更便於攜帶。近十年來，科技在體積微小化的進步主要呈現在通訊設備，絕少運用於科學分析儀器，因此陳院士憧憬未來能夠將質譜儀的體積縮小，讓一般大眾都有機會接觸到，普及於社會。如此不僅對於科學研究幫助很大，更是可以應用於身體健康與醫療診斷等。

至於質譜儀的作用與價值為何？陳院士解釋，宇宙中總共有100多種元素，所對應的原子、分子都各有重量與質量，若要測量這些原子量、分子量，質譜儀則是最重要的儀器，可以將質譜儀視為是「小分子的體重計」。質譜儀當前廣泛運用於各個科學領域之中，不管是農業、醫學或化工等，但凡要研究材料、物質的時候，都必須運用之，這正是學界越來越重視的原因。

用質譜儀在測量的時候，有一些必要的條件：其一，分子和粒子一定要帶有電荷，但通常看到的分子都是中性、不帶電的，所以

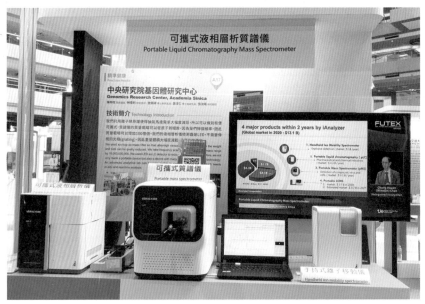

陳院士及他的團隊開發了多種便利攜帶的儀器,包括可攜式液相層析儀、可攜式質譜儀、手持式離子移動儀等。這些儀器更是已作商業生產,成為業界普遍負擔得起並可購入的實用儀器。

還需要先讓分子或粒子帶電;其二,要在高度真空中進行,才能區分出不一樣的分子,因為質譜儀的運作需要在特定的物理狀況之下,比方說某種電場或磁場,但如果壓力過大就會跟其他分子碰撞,導致解析度不好,所以真空是必要條件。正是有此這兩個原因,造成目前的質譜儀,體積大而價錢昂貴。

陳院士繼續舉例,有一種質譜儀叫做飛行時間質譜儀(Time of flight mass spectrometer),根據在固定距離中、離子所旅行的時間,測量出離子的質量,其原理很簡單,假如不同的離子在共同的起跑點開始移動,小的那個跑得快,因為得到的能量是一樣的,而

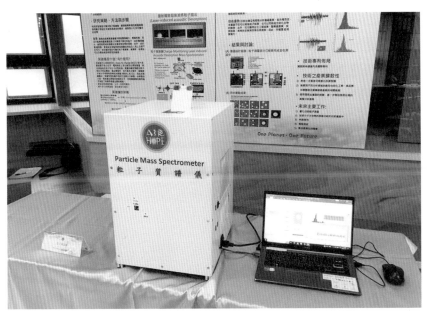

這是陳院士及其團隊研發的粒子質譜儀，它可以測量出1,000,000,000,000,000 個原子單位的粒子。

圖中可見可攜式液相層析質譜儀除去外殼的結構。

依靠測量出的時間可以得到質量。換個角度想，即使奧林匹克跑步冠軍，也沒有辦法在塞滿人的跑道上跑得很快，因此質譜儀一定要在高度真空中做實驗，才不會有所阻擋，呈現的結果才會準確。

跨域合作與解決問題的能力

現今的時代，有科技之便，從事研究不再追求成為「行走的百科全書」（walking encyclopedia），意即埋頭苦讀的記誦功夫不再是非常的重要，更重要的是要有跨領域的合作以及解決問題的能力，這才是當前社會需要的人才特質。陳院士解釋，首先要發現問題，接著具備解決問題的熱誠與所需知識，最後則是敞開心胸與不同專長的專家合作，方能獲得成功。

陳院士曾在臺大教書多年，培養過許多優秀的學生，他認為，現在很多學生都以為跨領域學習就是去選修很多不同專業的課程，但其實不該如此，學習不同領域知識固然重要，前提卻必須要先清楚知道自己想要解決什麼樣的問題，再來針對需要的另一個領域的基本知識去學習、去了解，如此一來，就能跟該領域的專家溝通，進而解決問題。跨域學習的目標並非親自運用其他領域的知識，而是讓自己可以有能力與不同領域的專家溝通和討論想法。

此外，若要能夠與不同領域的專家合作，必須建立在良好的人際關係之上，於是陳院士認為，樂於與他人分享自己的成果是很重要的，不要太過計較利益和工作的分配，能夠敞開心胸接納不同人的方式與成果，如此才能獲得好的成果。

陳院士（中）及其團隊所研發之可攜式液相層析質譜儀獲第十七屆國家新創獎。

　　跨域合作與解決問題的能力常常息息相關，未來社會的跨領域合作必然會越來越頻繁，所以亟需這樣的人才。陳院士強調，現在很多大企業之所以成功，在於願意跟其他公司合作、分享成果，這才是成功的關鍵；而且解決問題能力是科學工作最重視的，例如顯微鏡、質譜儀的發明，都幫助人類解決了重大的問題，推動科學的進步。反觀現在許多社會或政治的問題，大部分都只是批評與責備，並沒有討論如何解決問題；若是聚焦於解決問題，或許社會的進步會更迅速。

對於學生的期許

具有數十年研究與教學經驗的陳院士，認為一位年輕學生不論是準備要踏進哪個領域，最為重要的是考慮自己真正喜歡什麼、對什麼感興趣，這份興趣與熱愛，是支撐一個人長久投入與付出的基礎要素。陳院士說：「我希望我的學生對於即將從事的領域具有高度的興趣，而且願意跨域合作以及有解決問題的動力，重點不在於具備多少專業知識，即使基礎物理、電子學等等知識對於研究很有幫助，但依舊不是最核心的關鍵，因為總有時間可以學習這些知識，但興趣與熱愛卻是成功的必要基礎。」

蘋果公司的創辦人史蒂芬·保羅·賈伯斯 (Steven Paul Jobs)，他大學輟學，因為當時處在電腦的啟蒙階段，而他剛好接觸到電腦領域，對此感到深深熱愛，沈溺於其中，一天可以工作18個小時而不覺疲累。陳院士認為，正是因為賈伯斯對電腦有興趣，所以樂此不疲的工作，於是建議年輕的學生，最重要的是明確知道自己喜歡什麼，再投入其中，最後為該領域解決問題；即便身處高中或大學求學階段的學生，如果不太清楚自己的興趣，那就應該多去接觸不同的領域，並且認真反思；如果依舊覺得沒有特別喜歡的領域，最後才是考慮自己的能力所適合的行業。

陳院士舉例，就像醫生這個行業，若學生只是因為成績分數達標而選擇醫學系，相比於真正有職業熱情的醫生，後者的成就容易比較高，因為能夠獲得更多的成就感。反言之，如果挑選科系或工作或領域，只純粹考慮收入之多寡，那麼絕對不會是自己真正的興

陳仲瑄院士（右二）及其團隊榮獲2020科研新創業團隊的殊榮。

撒，陳院士表示，這樣並不是好的選擇，一旦累積的時間久了　定會感到疲勞而想放棄。

養成解決問題的習慣與科學的「真善美」

陳院士就讀碩士階段便跟從李遠哲院長的團隊研發儀器，歷時數十年，是「臺灣高階儀器研發計畫」的重要推手。回顧過去，陳院士指出最重要的成功關鍵，在於養成解決問題的習慣。強調無論身處任何領域，都要不畏懼任何困難，用毅力去嘗試解決。

　　陳院士解釋，養成解決問題的習慣是首當其衝的，不管是在各行各業，若能以此態度，勢必能成為頂尖人物，每個領域都能有助於人類社會解決問題，提升整體的福祉，像是隔熱的紙杯套的發明，其實不難、更不需要什麼專業知識，關鍵在於具有想要解決問題的用心。

　　另外，陳院士也認為人生的目標就是要追求「真善美」，「真」就是強調以科學態度探索真相及解決問題為目標，「善」表示要讓社會國家美好，「美」則是要能在生命中停下腳步，享受快樂，選擇自己喜歡的工作，並享受其中。若於生活中實踐「真善美」，持續往這方面邁進，人生就會更加快樂與幸福。這是陳院士對於生命的看法，值得我們學習。

（訪：彭莉雅、陳佩欣／文：梁恩維）

中研院院士的十堂課
溯本求源
....

編輯小組

陳佩欣

哲人的智慧之光照耀著世界，永不熄滅。阿爾伯特·愛因斯坦所說：「知識唯一的來源是經驗」，不僅是真理的體現，更是我們不斷前行的指引。科學的發展離不開眾多孜孜不倦的研究者，正是他們的貢獻，塑造了今日的盛景。

透過訪談的種種對答，院士們面對求學、人生、未來的想法與面貌漸漸展現在眼前，讓我們得以了解他們其實和常人沒什麼不同，曾經歷挫折，經歷抉擇，但卻因著堅定的信念和熱忱，走出了不凡的路程，創造了卓越的成就。

希望藉由前人的經驗，您能受到啟發，讓這些智慧之光成為您前進道路上的指引，為您照亮前行的每一步。

陳麗君

轉眼間又過了一年，彷彿彈指之間就和學生們一起走過中研院、各所大學，我們至今已拜訪了三十多位院士；一下子又到了發刊之際，回想這一路備感榮幸，最難忘的當是大師們在訪談中所展現的人生態度。院士們對自己的努力大多一筆帶過，求學期間的奮鬥也都輕描淡寫，但是提到自己所鍾愛的領域，眼裡都是有光的，神情也總是散發熱忱，我想是因為熱愛是最大的原動力。

希望閱讀這本書的讀者，也能和大師一樣找到自己所愛，一往無前。

這本書的製作與出版，除了感謝院士們在百忙中抽空讓我們拜訪、院士們的助理幫忙協調到訪細節、中大出版中心王小姐協助各項出版細節，也特別感謝計畫主持人葉永烜老師的熱心發起，及一路以來協助的訪談及撰文團隊。此書是所有人共同努力的成果，由衷感謝每一位。

彭莉雅

《舊唐書·魏徵列傳》:「以銅為鏡,可以正衣冠,以史為鏡,可以知興替,以人為鏡,可以明得失。」

了解他人故事之必要,是因為我們無法在一生中嘗試每一種活法,但可以從別人敘述的過往中,得到相同的情感衝擊,或反思出不同的過程與結果。院士們向我們娓娓道來的,是他們以歲月換來的經驗,是我們摸索前行道路的明燈及捷徑。

在臺灣科學教育發展長河中,院士們承先啟後,繼往開來。而我們將這些經歷化為種子,以文字、書籍等媒介傳播,以期莘莘學子能藉由這些養分,在未來開花結果,持續在臺灣科學界裡發光發熱。

採訪及撰文小組

王誌延

這次能作為梁賡義院士採訪的主訪真的非常幸運，這份經驗對我而言也非常寶貴。梁院士身為國衛院的院長，想必日常非常忙碌，所以能有這次的機會採訪院士也讓我倍感珍惜。聽了梁院士聊起他過往的經歷，並且敘述他在美國做研究的點點滴滴，讓我對於研究員的日常有所了解。此外梁院士也介紹了他當初所設計的廣義估計公式，此項研究對於日後精神分裂及糖尿病的幫助非常受用！這讓當時在旁訪問院士的我感到非常感動，這也使我知道世界上有許多科學家正在別人看不到的地方努力，而我們今天人類有如此的成就，都是幸虧於有他們在背後默默的努力。

邱舒妍

這份工作能帶給我的，遠比想像中要多更多。

採訪不只是事前的訪綱準備、對被訪者的背景了解，更是踏入他人的過去，體驗他人經歷的趣事；站在前人的肩上可以看得更遠，是因為通往功成名就的路上，還有更多寫在知識之外：生命經歷的選擇、面對挫折的心態，書本不能教的，可以透過採訪以知他山之石。

做為文組的我，在參與訪問時總覺得不真切，我與院士連有一面之緣都難得，是這份工作讓我得以接觸、認識大師級的人物。過程中不免有感，文字的深刻不只是在於紀錄，更是一種傳承；時代更迭之下，保存生命存在痕跡的是文字，傳承智慧與經驗的亦是。

梁恩維

在採訪與撰稿的過程中，不僅是簡單的對話與文字書寫，更可貴的是可以站在最前線親近那些科學界的巨擘，看見他們的人生經驗與心路歷程，這對於文組學生的我來說，可以說是非常難得的經驗。雖然寫稿的時候，常因為架構安排與措辭選擇而感到苦惱，尤其要在有限的篇幅之中，完整地向讀者展現學界前賢的經驗

談，必然會有材料的取捨，或許有所不足，也請讀者見諒。能夠參與本系列書籍的第一集與第二集的書寫，並見到出版的過程，無疑是直得驕傲與開心的事情。

陳盈霓

這一次的機會非常難得，也很慶幸當初的我答應了這場邀約，雖然只是拍攝的角色，不過第一次近距離訪談的體驗，還是讓我覺得非常新鮮，即使平常在報章雜誌或是網路上也能看到不少學者分享他們的求學經歷及做人處事的觀點，但在現場聽到院士的經驗分享，其現場的氛圍是無法由文字傳遞出來的。除此之外，在會後進行逐字稿的排序，也讓我多學會了一項技能，同時也增進了我的細心程度，在大學，平時的生活不是上課就是考試，稍嫌枯燥乏味，因此很榮幸可以參與在這次的出版，使我的大學生涯更加精采。

許睿芯

有機會跟中研院的院士進行採訪，真的是一個超級酷的體驗！這次的經歷讓我受益良多，也為我的未來職業生涯帶來了無限啟發，可以說是前輩們的豐富經歷讓我體認到原來學術界也可以這麼好玩。

每次的採訪，我就像探險家一樣，冒險進入了台灣科學的各個領域！院士們雖然是學界佼佼者們，但卻非常樂意跟我分享他們的經驗和知識，也滿足了我一些天馬行空的好奇心，這讓我深刻體會到，在學術領域，傳承和分享知識是多麼重要。最重要的是他們的熱情像海浪一樣推著下一代的學者前進；他們的知識就像強勁的潮流，引領我們探索浩瀚的海洋；而海風輕輕地吹著我，就像是大自然在輕輕地告訴我，這個領域充滿了無限的可能性。

黃　名

這次很榮幸可以跟著團隊採訪鍾邦柱院士，我仍記得在
採訪過程中，身為院士溫柔而堅定的力量，推進著台灣
與世界的科學研究，而她談起自身的經歷時，卻又像一
位樂於分享與傾聽的智者。

我想對院士來說她對自身的生命中，不論好壞，都抱持
自信與謙遜，面對困難時也能坦然面對，我從院士身上
學到了許多！

另外也感謝中央大學天文所的團隊老師們，為大學生營造了機會與院士對談，並
且從行動中學習的機會，老師們也都非常有耐心而且總是設想周到，讓我們在採
訪過程中可以邊學邊做，這次的參與讓我受益良多，再次感謝！

詹椀婷

很榮幸在學生生涯中的尾聲參與此次計畫，每每於書寫
集結各位中研院傑出院士的軼事時，都令人備感啟發與
欽佩。理出篇章的脈絡的過程中，我學到了關於科學、
創新和知識分享的重要性。院士們對於自己的研究領域
充滿熱忱著實令人印象景仰，除了天賦之外，我更深刻
感受到自我要求與努力不懈才是使其成為巨人的關鍵。
這讓我更加相信，科學和教育的力量可以改變世界，而
誠心向學能成為改變世界的角色。

再次感謝此書製作團隊的邀請，希望能藉此機會將院士們的人生哲學與智慧分享
給更多人，並期許讀者們能因此受到啟發。

樓宗翰

為中研院士撰稿,是一次相當特別的體驗。

身為理工科的學生,非常的了解在研究的領域需要有成就是多麼的不容易;而諸位院士代表的則是該領域的登峰造極者,有幸能夠接下這份工作是我的榮幸。在撰寫的過程當中,除了更了解院士的生平事蹟之外,也慢慢的能夠體會當時他們做的選擇以及心路歷程;隨著他們娓娓道來的自述,彷彿自己也親自蒞臨當時所面臨的各種困難與挑戰,以及終於獲得成就的興奮與喜悅。

這次的撰稿經驗除了讓我重拾許久未動的筆桿之外,更讓我獲得了許多寶貴的人生經驗,我認為是非常難得的。

蘇立珊

從訪談當中,我很有印象的是大多時間是在講述誰對他影響很大,我想除了跟其他人分享成功的喜悅之外,去記得、感謝那些曾經提拔你或影響你很大的人也是十分重要的,不是每個人都可以照著你成功的方式走,但是那些曾經影響你的人,將其中的經歷說出來,我覺得是更能影響我們這些聽者,因為都當過學生,所會遇到的經歷、問題、困惑都會有些類似的,在聽的過程中,有類似的經歷,就會覺得感同身受,但兩者做法、看法不同,也能讓自己反思如何面對這樣的事情會是更好的方式,給之後可能再度面對時,能有不同或是更好的解決方法。

國家圖書館出版品預行編目(CIP)資料

中研院院士的十堂課：溯本求源/葉永烜主編. -- 桃
園市：國立中央大學, 2024.02
　　面；　公分
　　ISBN 978-626-98094-2-4 (精裝)

　1.CST: 科學家 2.CST: 傳記 3.CST: 口述歷史

309.9　　　　　　　　　　　　　　　113000884

中研院院士的十堂課——溯本求源

發行人　　　周景揚
出版者　　　國立中央大學
指導單位　　教育部
活動主辦　　臺灣科學特殊人才提升計畫辦公室
編印　　　　國立中央大學出版中心、臺灣科學特殊人才提升計畫辦公室
主編　　　　葉永烜
編輯小組　　陳佩欣・陳麗君・彭莉雅
採訪小組　　王誌延・邱舒妍・梁恩維・陳盈霓・許睿芯・黃　名・蘇立珊
撰文小組　　梁恩維・陳思萌・詹棳婷・樓宗翰

封面設計　　陳麗君
內頁設計　　不倒翁視覺創意 ononstudio@gmail.com
印刷　　　　松霖彩色印刷事業有限公司

時間　　　　2024年2月一刷
定價　　　　新台幣280元整
ISBN　　　　978-626-98094-2-4
GPN　　　　1011300151